JN233520

はなしシリーズ

環境バイオ学入門

もし微生物がいなかったら……

本多淳裕 著

技報堂出版

まえがき

　草花，野草，樹木，農作物などの植物や，犬，猫，小鳥，魚などの動物を観察したり，飼育したりする生物好きの若者はたくさんいます．人も生物の一種ですから，生物同士としていとおしい気持ちでそれらと接したり，それぞれの特性を勉強したりします．

　とくに，米，麦，野菜，果物，海草，肉，卵，ミルク，魚などは私たちの毎日の食べものになってくれていますし，木綿，麻，絹などは繊維製品，樹木は木造家屋，家具，建具などの住宅建材などとして私たちの暮らしを支えてくれています．野山の緑やきれいで香しい花，小鳥のさえずりなども，私たちの心を安らかにしてくれています．ですから，生物の知識をふやすことは楽しい勉強ですし，私たちはもっといろいろな生物と仲良くして，お互いに助け合うことが望ましいと思います．

　このように，私たちの目にみえるだけでも数え切れないほど多くの種類の生物が存在し，それぞれが特徴のある形，育ち方，ふえ方をしていますが，地球上には肉眼ではみえない小さな微生物がさらに何万種類も存在しているのです．人によっては微生物は病気のもとになる恐ろしいバイ菌の群れだと思っていたり，お酒などをつくる不思議な生物だと思っていますが，それはほんの一部の微生物の，ほんの一部の働きに過ぎません．

　平素，学校でも微生物のことが話題になったり，教科書で習うこ

とが少ないうえに目にみえないので見落とされてしまいがちですが，普通の動植物以上に人の生活に役立っているのです．これまで，微生物は医学の立場の病原微生物学（衛生学，疫学など），生産に利用する応用微生物学（発酵工学，微生物工学）などとして研究されてきました．しかし，何といっても，自然の微生物は私たちがきれいな環境で生活できるように，絶えず陰から保証してくれる忍者のような役割を果してくれているのです．

最近，いわゆるバイオ技術と称して，微生物や農作物，家畜などの生物の遺伝的な特性まで変えて利用する研究が盛んになってきています．そしてこれらの技術が，これまでにない飛躍的な発展をとげようとしているとか，生きもののルールを乱して取返しがつかないことになるのではないか，などと盛んに話題になっています．

とくに，微生物の世界でのその種の技術については，もっと多くの人が関心をもち，正しく発展させなければなりません．しかし，筆者の若い頃には，微生物について知りたいと思っても，かなり難解な解説書しかなかったので困ったことを覚えています．現在でも，中高生や先生方と話してみますと，その状況は昔と大差がないようです．

筆者にその大役を果せるかどうか自信はありませんが，この本を通じて，種々の微生物の特性や生き方などをできるだけ理解していただき，微生物と楽しく付き合う仲間をふやしたいと思います．

2001年 1月

本多 淳裕

も く じ

まえがき

1. いろいろな微生物をみつけた―――――――
   1.1 はじめて微生物をみた人 2
   1.2 小さくても微生物は確かに生きている 4
   1.3 DNAはいのちと遺伝の司令官 6
   1.4 スリムな生物バクテリア 9
   1.5 いろいろな生物の集団「プランクトン」 12
   1.6 濃いものに生える酵母，かび 16
   1.7 生物の働きはすべて酵素の働き 18

2. 生活環境は微生物で満ちている―――――――
   2.1 土はハングリーな微生物の住み家 22
   2.2 酸素のいる微生物といらない微生物 24
   2.3 嫌われやすい清掃ボランティア 26
   2.4 汚れた水域は自然に回復する 28
   2.5 空気中にも微生物が浮いている 30
   2.6 生活環境にいる種々の病原菌 32
   2.7 ウイルスはいつ動き出すかわからない 34
   2.8 微生物は散らばりやすい 36

3. 何でもエサにする微生物─────────
   3.1 自然界での適者生存と弱肉強食 40
   3.2 微生物にも栄養のバランスが大切 42
   3.3 微生物の歯が立たない有機物 44
   3.4 細胞の中で有機物が燃える 47
   3.5 赤潮はどうして起こる 49
   3.6 池の表面が真っ青になる 51
   3.7 硫黄や鉄までエサにする細菌 53
   3.8 食べて溜め込んでしまうもの 55

4. 微生物を働かせる環境条件─────────
   4.1 冷暖房を好む微生物 58
   4.2 酸化的・還元的な条件を保つ 60
   4.3 微生物周辺の塩類濃度 62
   4.4 微生物をやっつける化学物質 64
   4.5 環境中の有害物質をみつける 67
   4.6 水素イオン濃度で生育が変わる 70
   4.7 微生物の生育環境のコントロール 72

5. 微生物のふえ方と生き方─────────
   5.1 微生物フローラの一生 76
   5.2 土は微生物の種の供給源 78
   5.3 微生物のセックスと増殖 80
   5.4 微生物フローラの中味を診断する 82
   5.5 微生物も種付けをしている 84

5.6　若い微生物と老いた微生物　86
　5.7　余剰汚泥が溜まってたまらない　89
　5.8　どうして微生物は雑居しているのか　92

6. 微生物を使った水処理技術
　6.1　水処理の技術や設備ができたわけ　96
　6.2　微生物を使って水道水をつくる　99
　6.3　排水生物処理の効率を高めるシステム　101
　6.4　好気性微生物への酸素の送り方　104
　6.5　脱窒素，脱リンのための微生物処理　106
　6.6　微生物で排水を高度処理する方法　108
　6.7　排水処理施設内の微生物を調べる　110

7. 廃棄物と悪臭の微生物処理
　7.1　廃棄物を微生物のエサにする　114
　7.2　メタン発酵をコントロールする　116
　7.3　有機性汚泥を飼料化できないか　118
　7.4　コンポスト化する理由と方法　120
　7.5　廃棄物埋立処分でも微生物が活躍　122
　7.6　埋立処分を続けてよいのか　124
　7.7　微生物フローラで脱臭する　126

8. 微生物を都合のよいものに変える
　8.1　微生物の住所，氏名はわかるのか　130
　8.2　微生物もトレーニングで変わる　132

8.3 　変わり者の微生物を発見する　134

8.4 　異なる2種類の細胞を一つにする－細胞融合－　136

8.5 　クローン生物をつくってもよいのか　138

8.6 　遺伝子を組み換えて新種をつくる　140

8.7 　バイオテクノロジーでの環境対策　142

あとがき

索　　引

1. いろいろな微生物をみつけた

1.1 はじめて微生物をみた人

人類は長い間普通に目にみえる世界だけがすべてだと思ってきました．今から300年以上前まで，ヨーロッパでは目にみえる動物や植物の観察・研究は王侯貴族の一種の趣味や道楽として行われてきました．当時，オランダのデルフトにレウエンフック（1632～1723年）という織物商や労働者をしていた人がいましたが，彼は仕事のかたわらで，科学的な興味からいろいろなことを試みたのです．

細かいものをみるために，当時のレンズを使った拡大鏡では飽きたらず，現在の顕微鏡の原型になるようなものをはじめて試作しました．それはそれまでのせいぜい20倍程度の拡大鏡と違って，50～300倍も拡大してみえる画期的なものでした．

彼のつくった顕微鏡は現在の顕微鏡とは構造や原理がかなり違っています．試料を針の先のようなものの上にのせ，それを固定したビー玉のような球状レンズ（拡大率によって大きさの違うものを使う）に目を近づけてみるのです．試料の位置を動かしてレンズとの間隔を変え，焦点を合わすようにしています．それを使って，世界ではじめて，かび，酵母，藻類，原生動物，赤血球や精子などを観察してイギリスの王立協会に発表し，レウエンフックは一躍有名人になりました．

それによって，人はみたことのない小さな生きものがたくさんいることを知ったのです．ヨーロッパ各地から，顕微鏡をのぞきたいという人が何人も彼の研究室を訪れるようになり，一労働者であったレウエンフックは王立協会の正会員に迎えられました．

このレウエンフックによる微生物の発見が引き金となって,レンズを何枚も使う高性能の光学顕微鏡に改良され,さらに分子レベルの構造まで解明できる電子顕微鏡にまで発展し,現在の医学,発酵工学,遺伝子工学などの発展につながったのです.電子顕微鏡は電子銃で観察するものに電圧を加え,そこから放出される電子を電子レンズというもので集めたり拡大したりするものです.光学顕微鏡では3万倍程度の拡大が限度ですが,電子顕微鏡ではさらにその何十倍も拡大できます.

　また,顕微鏡関連技術もこの30年ほどで長足の進歩をとげました.顕微鏡下で拡大しながら,細胞内を動かしたり,部分的なサンプルを採取したり,写真やビデオに撮影できるようになりました.対象物を立体的にとらえることも可能になってきています.

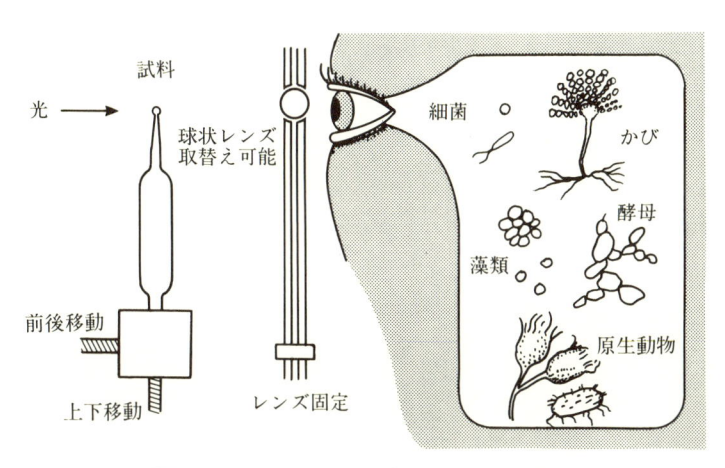

図1.1　レウエンフックが最初につくった顕微鏡

1.2 小さくても微生物は確かに生きている

　人間の肉眼でみえるのはせいぜい 1/10 mm（100 μm，1 μm＝1/1 000 mm）以上のものですが，大きさがそれ以下で，なおかつ生きているものを微生物と呼びます．

　レウエンフックがつくった顕微鏡では，5〜100 μm までみえましたので，原生動物，藻類，かび，酵母，細菌などが知られるようになりました．0.5 μm 以下の光学顕微鏡ではみえないマイコプラズマ（スピロヘータなど），ウイルスなどの微生物も知られるようになっています．それらのおのおのの中に，さらに多くの種類の形や特性の違ったものがいて，地上や水中にいる各種の生物と同じように，きわめてバラエティに富んでいます．

　「生物」というのは，速さの違いはあっても，育ったり（生育），ふえたり（増殖），自分と同じ特性を子孫に伝えたり（遺伝）するものです．生きた植物や動物をエサにして，生育，増殖するものが「動物」（ウツボカヅラなどの食虫植物は例外）で，微生物の中では，比較的大きいミジンコなどの原生動物がそれにあたります．水中に浮かんでいる微生物を，泳いだり，ヒゲのようなものを動かして集めて，エサにしています．そのほかの微生物は地上の高等植物と同じように，水に溶けた栄養分を吸収して，生育したり，ふえたりするもので，それらは「植物」に該当します．単細胞生物という一つの細胞で生物としてのすべての働きをしているものもいます．

　生命現象を科学的に解明する研究（分子生物学）や，生物のいろいろな部分の成分を調べる研究などが盛んになっています．生物は

40億年も前に海で生まれたといわれ,そのために現在の生物の体内にも海水に近い成分が多いといわれます.

微生物の体には一般的には細胞があり,タンパク質とその関連物質,DNA (デオキシリボ核酸),糖質,リンとその他のミネラル,水分などが含まれています.しかし,ウイルスだけは,微生物を含む各種の動植物の細胞内に潜り込んでそれらの栄養を横取りして増殖(寄生)しています.ウイルスはほとんどタンパク質とDNAだけでできています.それでも生物と呼ばれるのは同じ特性をもつ子孫を生むからです.

ウイルスなどの微細な生物は,顕微鏡でみると盛んに動いているようにみえます.しかし,多くの場合,通常の生物としての動き方ではなく,コロイド粒子などでみられるブラウン運動というものです.0.1 mm以下の粒子は表面が荷電(通常はマイナス)していて,互いに反発し合うために,不規則な運動を繰り返しているようにみえるのです.

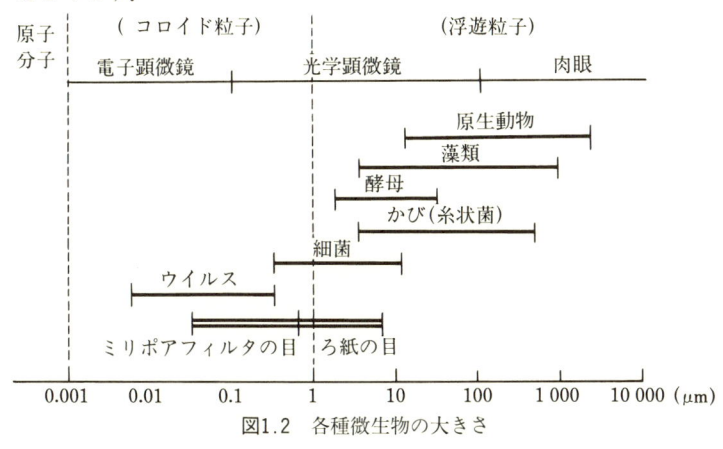

図1.2 各種微生物の大きさ

1.3 DNAはいのちと遺伝の司令官

　最近，テレビや新聞でDNA（遺伝子に相当）が話題になることが多くなりました．中国に残された日本人孤児の血縁をDNAで鑑定する，犯罪捜査に指紋以上に有効である，病原菌や病原ウイルスの伝染状況がDNAで解明できる，DNAの操作で移植しやすい人工臓器がつくれる，効率よく発酵する酵母がつくれるなどといったぐあいです．では，DNAとはいったいどのようなものなのでしょうか？

　人は長生きしたいので，「いのち」を左右するキーポイントは何かという研究に古くから取り組んできました．そして1910年頃，ロシアのエンゲルスはタンパク質がそれを司っていると考えました（「自然弁証法」より）．タンパク質は生物に不可欠な物質で，数十種類ある種々のアミノ酸が100～1000個も複雑につながってできていて，生物のいろいろな部分を形づくったり，子供の細胞をつくったりしています．タンパク質の種類や構造が，その生物全体と各部の特徴や働きを決めているといえます．しかし，「いのち」が生物のどの部分で支配されているかはわからず，どの構造のタンパク質が鍵になっているのかも，実証することができませんでした．アミノ酸やタンパク質はあくまで物質であり，タンパク質でできている酵素も一定の働きをもつ物質ですが，生きるために誰かの指令でつくられたり，働かされたりしているのです．

　一方，人間のように，雌雄のある生物での遺伝については，メンデルなどが，減数分裂した卵子や精子の染色体（通常，同じ染色体

2個で一対のものが，1個ずつになる）が，交配によって異種のものと対になって引き継がれていることを明らかにしました．それらの種々のタンパク質をつくることや，形質を遺伝することを指令するシステムはどうなっているのかが問題となり，その司令官が「いのち」や遺伝の支配者であろうということになりました．

1950年頃から，染色体，細胞核（1.4で解説），それらを構成している核酸や核タンパクなどの研究が世界的に盛んに行われるようになりました．その一つとして，1958年にワトソン（アメリカ，生物学），クリック（イギリス，物理学）という若い2人の科学者がDNAに注目し，デオキシリボーズという録音テープのようなつながった物質がらせん状に2重に絡んだ中に，組合せの違う4種の塩基（録音テープの音の入った酸化鉄粉に相当）が詰まった状態で生物中に存在していることを明らかにしました．

それは，生物の種で共通した部分と個体ごとに違った部分とからできていて，種々なタンパク質や，1.7で説明するような酵素をつくる指令を発信し，各生物はそれに応じて各種の独特の特性や，個別の違いをつくっていることがわかってきたのです．人が47対の染色体をもっていることは古くから知られていたのですが，その染色体に多数のDNAが詰まっていて，最近では詳細な特性が解読されるようになってきています．微生物についても，大腸菌などのDNAが詳しく解明されてきました．

DNA中の4種の塩基は対になって含まれていますが，数や組合せが，生物の種や器官や親子関係によって違ってきます．また，個別のDNAのらせん状のつながりの長さや配列もいろいろと違っています．ですから，生物の細胞の中のDNAを調べると，その個体に

1.3 DNAはいのちと遺伝の司令官　　7

ついてのいろいろな情報が得られることになります．人の体質や遺伝的疾患もDNAで決まってくる可能性がありますので，世界的にヒトゲノムといわれるDNAの配列を解明する研究が進みました．それが障害者の機能回復や疾病の治療に役立つようになることは望ましいのですが，プライバシーの侵害や人道問題を引き起こすことも懸念されています．8章で解説する遺伝子操作によって，世の中になかった生物をつくり出すまでになってきたのです．

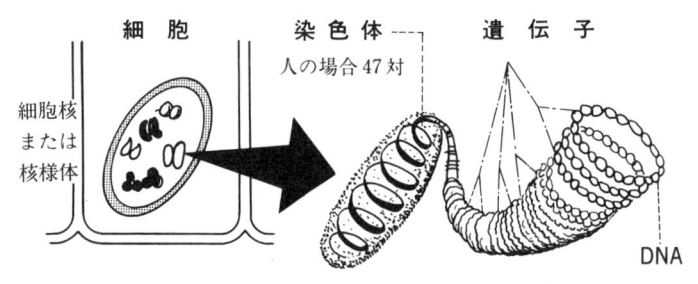

図1.3　細胞中の染色体・遺伝子・DNAの間柄

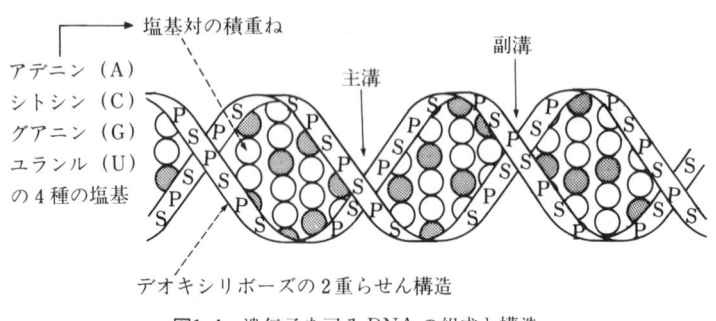

アデニン（A）
シトシン（C）
グアニン（G）
ユランル（U）
の4種の塩基

図1.4　遺伝子を司るDNAの組成と構造

1. いろいろな微生物をみつけた

1.4 スリムな生物バクテリア

　ウイルス以外の通常の動物や植物は，細胞がつながっていろいろな部分をつくり上げます．その一つ一つの細胞が生きていて，全体として各種の動物や植物になっています．一方，単細胞生物といわれる一部の細菌や藻類は，一つの細胞だけで生きるためのすべての働きをこなしています．基本になる細胞は，生物の種類，部分などで違っていても，それをつくっている各役目の部品に相当するものは，どの細胞にもほぼ同じように組み込まれているのです．

　通常の細胞は，細胞膜というポリ袋のような薄い袋に，それぞれ重要な役割を果す細胞核，ミトコンドリア，葉緑体（植物），細胞液などが入っています（アメーバは細胞膜がありません）．細胞核に遺伝のもとになる染色体が何対かあり，それらはDNAで満たされています．1.3で解説したように，いろいろな細胞の役割や機能の違いも，DNAの違いによっています．最近，ミトコンドリアにもDNAの一部があり，それは減数分裂の際に卵子にしか含まれず，子孫に移っていきますので，母系の先祖に共通するものであることがわかってきました．

　細胞膜はそれらの部品を周辺の条件に左右されにくいように守り，膜（半透膜，きわめて細かい孔が無数にあいた膜）を通して細胞内に栄養物や水を吸収したり，細胞間を移動させたり，分解物（不用物）を排出したりする役目をしています．高等植物の葉や，藻類の細胞にある葉緑体は光合成（炭酸同化作用）という空気中の炭酸ガスをブドウ糖にする変化の触媒（仲人のように，それ自身は消耗せ

ずに，特定の化学反応や生物化学的変化を促すもの）の働きを果しています．生物での栄養物の利用や排出を代謝といいます．

細胞核にある DNA はその働きも指示していますが，細胞のその他の部分が代謝の実務を受け持っています．ウイルスなどを除く通常の生物の増殖は，細胞をつくっている各部分が2組以上に分かれて，独立した細胞膜に包まれたものになることです．生物の生育や増殖は，代謝で得られたエネルギーで行われています．顕微鏡ではそれらの細菌が水中で盛んに動いているのがみえますが，その運動も，自前のエネルギーで行っています．

地球が太陽などから分かれて加熱や冷却を繰り返している間に，わずかな有機物ができ（ロシアのオパーリンは著書の「生命の起源」でコアセルベートと呼んでいる），それが簡単な生物に進化したといわれています．おそらく，単細胞で代謝や増殖も行える硫黄細菌の一種であろうと推定されています．

細菌（バクテリア）には，単細胞（球菌，桿菌，ビブリオ菌など）や，2細胞以上くっついたもの（双球菌，ブドウ球菌など）などがあります．細菌は，1つか数個の細胞で一人前の生物と同じような働きができる，もっともスリムでシンプルな生物であるといえます．顕微鏡でみた細菌の細胞の中身も，高等な動植物に比べて単純なものが多く，核とミトコンドリアに相当するものしか見当たらないのです．外見上は，細胞膜が分厚いもの，胞子と呼ばれる耐久型になったものなどがあるだけです．そのくせ，きわめて多種類の細菌がいて，それぞれが特徴のある働きをしているのです．恐ろしい病原菌であったり，おいしい乳製品をつくる役割を果したりしているのです．

細菌の遺伝子の中身も近年各地で研究され，伝染病予防や工業生産での有用な働きの増大などを図ろうとしています．それが悪い方向に使われますと，恐ろしい病原性をもつ細菌をつくり出して（生物兵器），原子爆弾以上に人類や動植物に悪影響を与えることになります．

　それらの細菌のそれぞれを一つの生命をもっている個体と考えますと，地球上のすべての生物の何億倍も存在することになります．

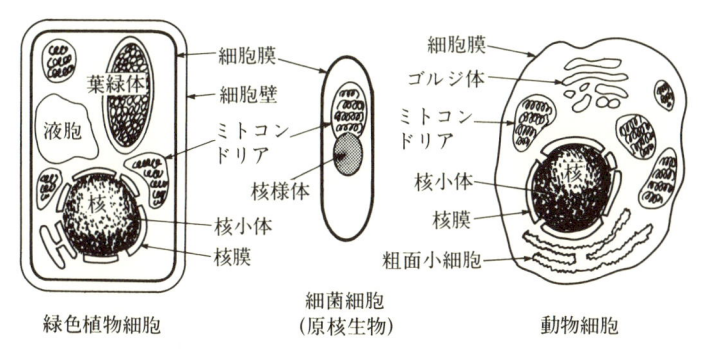

図1.5　細胞の中身も細菌がもっともシンプル

1	単球	7	短桿菌
2	双球菌	8	桿菌（両端純円）
3	四連球菌	9	紡錘状桿菌
4	八連球菌	10	桿菌（両端鋭断）
5	ぶどう球菌	11	弧菌
6	連鎖球菌	12	らせん菌
		13	スピロヘータ

図1.6　細菌のいろいろな形態

1.5 いろいろな生物の集団「プランクトン」

　湖，池，川，海などの自然の水域には，いろいろな生物が浮遊して生育しています．それを調べるために，実際には 10 μm に近い隙間しかあいていない絹やナイロンの布でつくったコーン状のプランクトンネットというものを使います．コーンの底に，小さいビンと重しをつけ，上部の円形の枠にロープをつけて，調査する水域に浸けて引き上げ，ネットに引っ掛かった浮遊物を底のビンに集めます．その方法で捕集されたものがプランクトン（目にみえる魚介類や甲殻類の卵，幼虫などは除外）と呼ばれるもので，細菌，ウイルスなどは布から漏れて捕集されません．

　プランクトンに相当するサイズの微生物には，1.2 でも明らかにしたとおり，原生動物，藻類，酵母，かびなどがありますが，通常，有機物の少ない自然の水域では，酵母やかびはほとんど生育していません（筆者はきれいな山間の池でかびの一種を検出したことがあります）．濃い緑色の池には藍藻類，薄緑色の池には緑藻類がたくさん生育しています．海などいろいろな水域には，自分で泳ぎ回る鞭藻類，よろいのような硬いシリカの殻をつけた珪藻類もいます．

　クロレラやセネデスムスなどの緑藻は，細菌と同じように，一つか数個の細胞が独立して生育し，分裂して増殖しています．しかし，その分裂は，条件さえよければ，一度に 4〜8 個になり，他の生物に比べて非常に速やかです．通常，草や樹木などの高等植物と同じように，空気中の炭酸ガスを吸収して，太陽光のエネルギーによる光合成を行います．筆者は 1960 年から，科学技術庁の委託により，し

尿でのクロレラの大量培養の研究を行って，し尿の汚濁物質の大半を占める酢酸などの低級脂肪酸（筆者らがはじめて分析法を検討し，その含有を実証した）をクロレラが直接吸収して増殖することを確かめました．さらに，藻類は農作物などと同じように，水中に窒素，リン酸などの肥料成分（富栄養化物質）にあたるものが多いと増殖します．

　自然の水域でも，林野の樹木や草の落葉などが雨水にさらされて溶け込んだ有機成分で各種の細菌が増殖します．十分空気にさらされた条件では，それらの細菌は有機物質を炭酸ガスと水に分解するため水質はよくなりますが，その途中でつくられる低級脂肪酸や最終形の炭酸ガスが，それらを栄養としている藻類をふやす結果になります．藻類や細菌などは，原生動物のエサになり，それらをさらに魚介類がエサにしています．

　原生動物にもきわめて多くの種類があり，ミジンコのように肉眼でみえるものもいます．根足虫類（アメーバ）は細胞膜をもたない粘液状の動物で，細菌や藻類などを囲み込んで消化，吸収してしまいます．鞭毛虫類は鞭毛で泳いで細菌や藻類を捕まえます．繊毛虫類はそれらの中でも代表的な原生動物です．表面が細かい繊毛に覆われ，それを使って泳いでエサをとるタイプ（代表はゾウリムシ），水底や他の浮遊物の上を繊毛で這い回るタイプ，同様の固形物に付着して根を広げ，その根から出た枝に繊毛で覆われたヘラ状の本体をつけ，枝を揺すりながら細菌や藻類を繊毛でつくった水流で頭部の口に集めて捕らえるタイプ（代表：ツリガネムシ）などがあります．

　それらは現地にもっていける低倍率の顕微鏡でも十分観察できま

す．通常，原生動物は汚濁が進んだ水域では生息していません．河川，湖沼などや，活性汚泥法などで排水処理を行っている施設の中には，そのプランクトンにあたる生物がいて，とくに，繊毛虫類が多いと，正常に浄化が進んでいると診断できます．プランクトンの少ない水域を貧栄養，多い水域を富栄養とか過栄養と呼んでいます．プランクトンによってふえた魚を人間が釣って食用にしたり，水鳥がついばんで抜き取ることになります．

そのような細菌から始まって動物に食われるような生物の流れを，水域での「食物連鎖」と呼んでいます．

海水のような塩類濃度の高い条件でも，多種多様なプランクトンが生育しています．正常な海水中にも珪藻類が浮遊しています．沖縄などの海底をグラスボートで見物していますと，さまざまに色づいたサンゴがみられますが，それはサンゴに褐虫藻が共生しているためです．わずかな太陽光線を受けて，サンゴに付着している褐虫が，炭酸を同化してサンゴにエネルギー源を供給し，互いに生育しているのです．汚濁した海域では，さまざまな海洋性の細菌，藻類，原生動物が生育し赤潮発生の直接的な原因になっています．

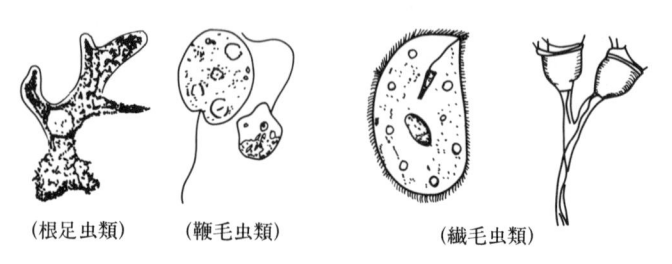

(根足虫類)　(鞭毛虫類)　(繊毛虫類)

図1.7　原生動物の代表例

(鞭藻類)　　(藍藻類)　　(緑藻類)　　(珪藻類)

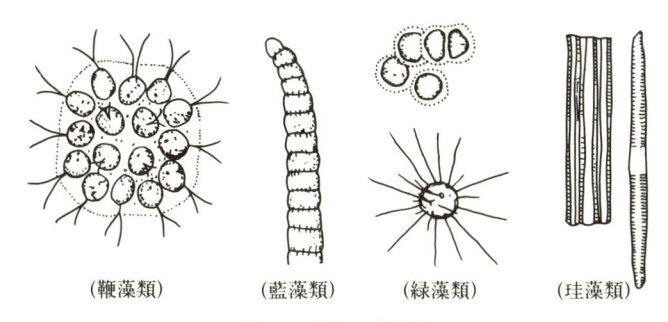

図1.8　藻類の代表例

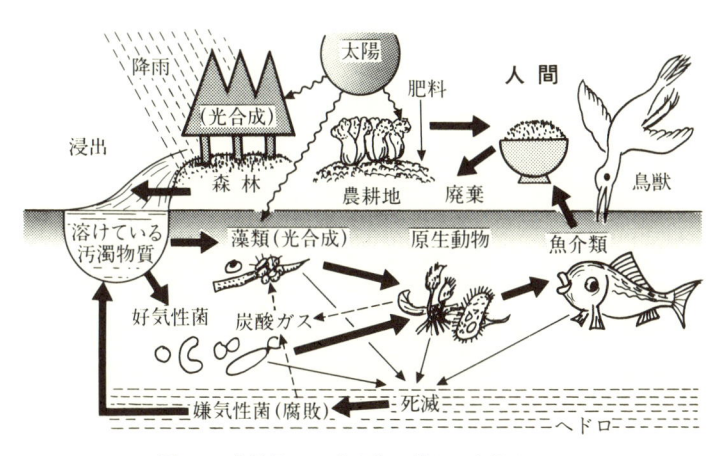

図1.9　自然界での栄養物の動き（食物連鎖）

1.5　いろいろな生物の集団「プランクトン」

1.6 濃いものに生える酵母，かび

　猿がドングリなどを嚙み砕いて石や樹木のくぼみに溜め，それが発酵してできた猿酒を飲んで味をしめたのが，酒の起源といわれています．自然にいる細菌や酵母が，木の実の糖分やでん粉を分解してアルコールに変えたのです．また，正月などにつくった餅を食べ忘れて放置しておきますと，白や緑や黒い粉をまぶしたようにかびてしまいます．それは「かび」とか，糸状菌と呼ばれるものです．酵母やかびを一括して「真菌」と呼ぶこともあります．それらは水域に住んでいる藻類や原生動物と同じような大きさですが，有機物の多い液や塊に好んで生える微生物です．

　かびが生えた食品がいろいろな色になるのは，青かび，黒かび，赤かびなどの種類によって胞子の色が違うからです．清酒や甘酒や醬油や味噌をつくる前段階では米や麦に麴かびを生やした麴がつくられます．大豆にかび（不完全菌）を生やす八丁味噌，オンジョム・テンペ（インドネシア）などもあります．ある種のチーズも凝固させたミルクの塊に，同じようにかびを生やしてつくられます．

　かびはでん粉，タンパク質，脂肪などの大きい分子の有機物をエサにして生育しますが，細胞内に吸収するためには分解して水に溶けるような低分子の有機物にしなければなりません．かびの胞子の付着した食品などに菌糸という細かいひげのようなものをはびこませ，その菌糸が分泌する酵素（1.7で検討する）で分解します．私たちは，食品がかびて困らされてきた反面，かびの働きを利用して，おいしい食品，消化吸収のよい食品をつくってきたのです．

青かびは，細菌などの多い自然条件で生き延びるために，ペニシリンという細菌を死滅させる物質を分泌しますが，人がそれを横取りして利用する技術を開発し，第2次世界大戦中に，イギリスのチャーチル首相の肺炎を数日で治して有名になりました．

　酵母にもいろいろな種類がありますが，球状，ラグビーボール状，カプセル状などの細胞（白，黄，ピンク，橙，緑，褐色など）でできていて，単細胞の細菌や藻類と同じように，一細胞でも一人前の働きをします．その細胞から数個の芽が出るように，つぎつぎと複雑につながって増殖したり，分離したりします．エサの有機物を利用して生育しますが，同時に大量の副産物をつくります．

　もっともポピュラーな酵母はビール，ブドウ酒，清酒などの発酵を司っているアルコール酵母ですが，それにもいろいろな種類があります．アルコール飲料は酵母のおしっこのようなものです．パンは，小麦粉と酵母と水を混ぜ，酵母が小麦粉を栄養にして呼吸する際に排出する息（呼気）で，生地を膨らませ，その状態のまま焼き上げたものです．山林や畑のような自然界にも，野生の酵母がたくさん生息しています．

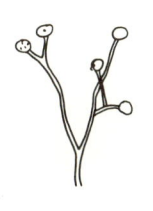

　　藻菌類　　　子のう菌類　　　不完全菌類
図1.10　かびの代表例

1.7 生物の働きはすべて酵素の働き

　生物は，目にみえる動物や植物，あるいは微生物でも，呼吸したり，排泄したり，増殖したりするために，取り込んだ物質をきわめて複雑に変化させています．生産に使う化学変化は，通常，外から反応しやすい物質を加えたり，加熱したり，加圧したりして，比較的急激に起こるようにしています．生物が生きていくためのいろいろな化学変化も，物質が結合したり，分解したりすることには変わりはありませんが，細胞の中などで，常温で，比較的ゆっくり進むようになっています．

　それは，酵素（エンチーム，生体触媒）という，くっつけるための仲人役と別れさせるための弁護士役が細胞の中や周辺にいて，仲介してくれているのです．生物に取り込まれた栄養物がつぎつぎと連続して変化するような場合でも，それぞれの段階にそれぞれの化学変化に見合う酵素があって，順番にバトンタッチして仲介してくれます．そのような各種の酵素はDNAの指令でつくられ，酵素のあることが生きものである証拠の一つであるといえます．人が食物を消化吸収するのは各種の消化液中の酵素の働きです．糊化したでん粉に麹を加えると甘酒になるのも酵素作用です．

　酵素というものは，種々の特有のタンパク質（アポエンチーム）と，特有の化学変化を助ける手にあたる部分（補酵素，コエンチーム）とからできています．酵素は通常，水に懸濁した状態で働きます．生物の生育に必要な微量化学物質をビタミンやホルモンと呼んでいますが，それらは補酵素になることが多いのです．その役目を

果すビタミンは外から与えられないといけませんし，ホルモンは細胞の中でつくられるものです．いずれにしても，おのおのの酵素が働くための，望ましい温度，pH（水素イオン濃度，酸性・アルカリ性の程度）などがあります（その生物の生育条件とは必ずしも一致しません）．酵素反応の起こる条件として，リン酸などの微量無機成分の存在が不可欠なケースがあります．通常，70℃以上の条件では，アポエンチームのタンパク質が熱凝固してしまって働きません．

酵素には，細胞内にあって，吸収した栄養物をエネルギー源などにするものと，かびが細胞周辺のでん粉やタンパク質をエサとして吸収できる低分子物質にまで分解するように，細胞の外に分泌して働くものとがあります．

微生物につくらせた酵素を抽出して，化学工業や食品工業での分解や医薬品（消化剤）などに利用しています．

図1.11　種々な酵素の働き

2. 生活環境は微生物で満ちている

2.1　土はハングリーな微生物の住み家

　土は石が砕けた砂利や砂，さらに細かい粘土などでできていて，微生物とは縁遠いものとみられがちですが，砂漠のようにサボテンすら生えないところ以外は，微生物がたくさん住んでいます．土はもともとは火成岩や水成岩という岩でしたが，それらが寒暖での膨張，収縮や，浸透した水の凍結膨張などで砕かれてできたものです．石には地衣類（かびと藻類が共生している植物）が生育しやすく，かびの菌糸がわずかな割れ目に入り込み，有機酸などで溶かして砕けやすくしています．

　土にはわれわれの生活を支える樹木，農作物などが根づいていますし，住宅，土木構造物を固定しています．物理的に物が倒れないように支持するだけですと，微生物とは縁がなくてもよいのですが，植物がそこで育つためには，コンクリートを砕いただけのような微生物が住めない土では困ります．土壌微生物という細菌や放線菌などが，植物の根が分泌する根酸（たとえば，クエン酸）などと一緒になって，土の中のリン酸や，微量の無機栄養分を溶かし，植物の生育を助けているからです．

　通常，手入れの不十分な山林でも，落葉や枯れた下草が土の表面を覆い，それが雨に打たれ，腐った汁が土にしみ込んだり，谷川に流れたりします．土壌中の細菌などは，空腹を抱えながら，わずかな栄養で辛うじて生き延び，落葉などを炭酸ガスにまで分解したり，肥料成分として植物に供給したりしてリサイクルしています．

　畑には窒素，リン酸，カリなどが肥料として与えられて作物は生

育しますが，コンポスト（堆肥）の形で有機物が施されると，土壌微生物が大量に棲みつくことになり，健全な栽培ができます（コンポストについては後で解説します）．通常の畑土1g中には，細菌が3～4億，酵母が数千万，放線菌が100万前後含まれています．

微生物で十分分解した有機物をヒューマス（腐植質）といい，土の接着剤の役割を果して団粒化（粉状のものが，細かい粒子状になること）し，土の保水性，通気性，保湿性などを高めます．ヒューマスの多い土は黒っぽくみえます．ヒューマスの多少を「地力」と呼び，農作物の生産能力や耕しやすさの目安になっています．

土壌微生物は雨水に浮遊して，河川，湖，海に流入して，あるいは風に吹き上げられて，空気中や作物や食品の微生物になります．すなわち，土壌微生物が環境関係の微生物の根元になっているのです．

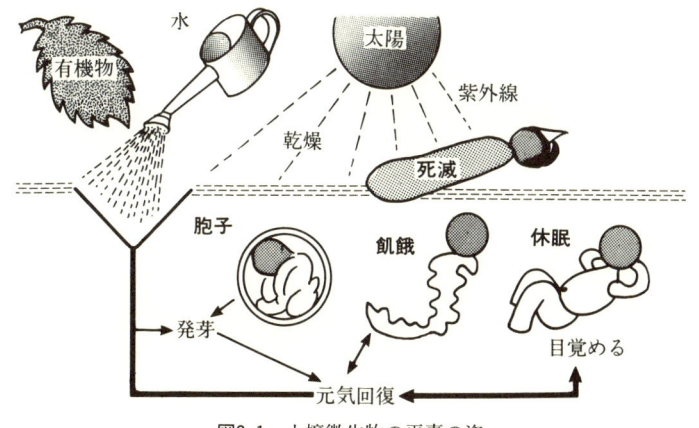

図2.1 土壌微生物の平素の姿

2.2 酸素のいる微生物といらない微生物

　人や通常の動植物が生育しているのは，酸素が十分ある空気中であり，原生動物，藻類，酵母，かびなども，同様の条件で生育しています．酸素は人が呼吸に使っているように，それらの生物が生きるためになくてはならないものです．プランクトンなどの水中生物は，溶存酸素という，水に溶けた酸素を利用しています．比較的大きい水分子と水分子の隙間に小さい酸素分子が入り込んでいますので，泡がみえない状態でも溶けているのです．それらの空気中の酸素で呼吸している生物を好気性生物と呼んでいます．

　自然の条件ではどこでも酸素が大量にあると考えやすいのですが，火山爆発でできた凹地，地下室を設けるため掘削中の建築現場，牧草やワラなどを積み込んだサイレージの中などでは，注意しないと酸欠という酸素の少ない環境になります．また，汚れた排水が流れ込む池や河川などでは大量のプランクトンが発生しますが，それらが水底に溜って溶存酸素を消費してしまい，酸欠になります．

　酸素の少ない条件でも生きていける細菌を嫌気性菌と呼んでいます．人や動物の腸内には大腸菌や腸球菌などの種々な微生物がいますし，伝染病などの病原になる微生物もいますが，それらも嫌気性菌に属しています．土壌微生物でも，地表近くは好気性生物ばかりですが，畑で 0.7～1.0 m，水田で 0.4～0.6 m より深い地中では，酸素が供給されにくくなり，嫌気性菌が優勢になります．好気的な条件の土層を耕土とか表土と呼んでいます．

　微生物がエネルギー源になるものを酸化分解している過程で，ア

ルデヒドや過酸化水素などの毒性のあるものが生成しますが、それらを空気中の酸素で直ちに分解する酵素をもっている各種生物が好気性生物です。それら酵素をつくる能力がなく、エネルギー源を構成している有機物を還元分解し、そこに含まれている酸素を使って呼吸して生きようとするものが嫌気性細菌です。気体の酸素があるとまったく生育できない偏性嫌気性菌と、多少の酸素があっても大丈夫な通性嫌気性菌とがいます。

　嫌気的な条件で生育できる生物は、多くの生物の中で嫌気性細菌しかいません。嫌気性菌は繊維、でん粉などの比較的高分子の有機物質を、自ら分泌した酵素で包丁で切り刻むように加水分解して、アルコールや酢酸、プロピオン酸などの低級脂肪酸にします。その生成物をさらに分解して、メタン、水素、炭酸ガスなどにします。

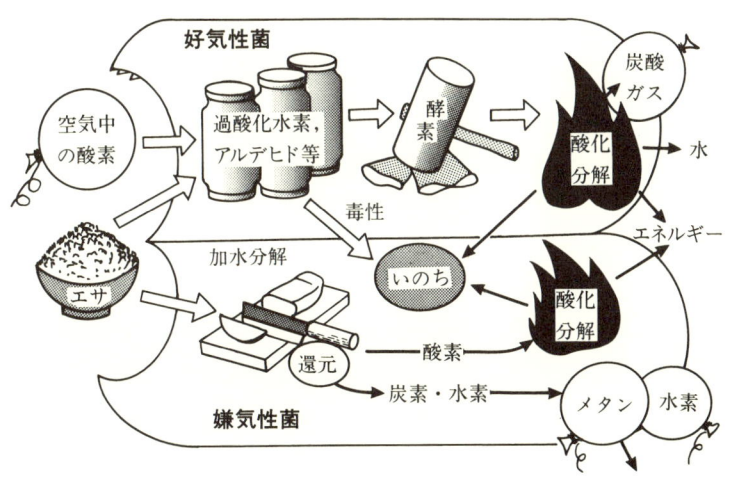

図2.2　好気性菌と嫌気性菌の働きの違い

2.2　酸素のいる微生物といらない微生物

2.3 嫌われやすい清掃ボランティア

　食品が腐ると，せっかくのご馳走が食べられなくなり，ときには中毒を起こしたり，臭いがつきます．ごみも腐ると，汚い汁が流れ出したり，強い臭いがしたり，ハエやゴキブリやネズミの発生源になったりします．腐敗は，栄養の多いものに細菌が繁殖して人に都合の悪いものに変化することです．

　腐敗の主役は嫌気性菌です．餅はかびても好気性のかびの部分だけを剥げば中まで変化していませんが，肉は表面が腐った状態だと嫌気性菌がふえて中まで腐ってしまっています．

　同じように微生物が働いても，お酒のように人に都合のよいものができる変化は発酵と呼び，喜ばれています．蒸煮した大豆に，稲ワラなどに付着している枯草菌（*Bacillus subtilis*）が繁殖するといわゆる糸引き納豆になりますが，同じ微生物が他の食品に繁殖すると腐敗したとみなされます．通常，腐敗は自然に放置しておいて起こりますが，発酵は人が都合がよいように管理して進めています．

　しかし，その腐敗が起こっていたために，過去に生育したいろいろな生物の死骸が地上から消えているのです．腐敗がないと，先祖の亡骸（なきがら）が累々と地上に堆積することになり，前述の山林も落葉で覆われてしまうことになります．そのすべての残骸の清掃をわれわれの生活のごみのように，収集，焼却するとしますと，大変な労力と設備と経費が必要になります．自然界では，嫌気性菌だけでなく，いろいろな微生物がきわめて膨大な残骸や不用物をまったく無償で働いて，腐らせてくれているのです．

腐敗を微生物による人に都合の悪い変化と決めつけるのは，まったくのぬれ衣です．不用となったものの中には，正常な環境を痛めて人の生活や産業活動を妨害するものもありますが，ほとんどは炭酸ガスや水，窒素，リンなどの肥料成分に分解されて，再び樹木，農作物，畜産物，水産物などに姿を変えて，人に役立つのです．それを，「環境サイクル」または「自然循環」と呼んでいます．最近の都市生活では，人の目先の欲望を満たすために，有害物質を含む大量の物資を消費し，大量のごみを排出するようになってきています．ごみを焼却炉で安易に燃やしますと，ダイオキシンなどの猛毒を排出することになりかねません．

　生態系という人を含む地球上の一切の生物は，その環境サイクルの中で互いに役割を分担しながら生きていることになります．人類は「万物の霊長」と自認するのなら，そのサイクルを阻害したり混乱させたりする一切の行為を慎まなければなりません．

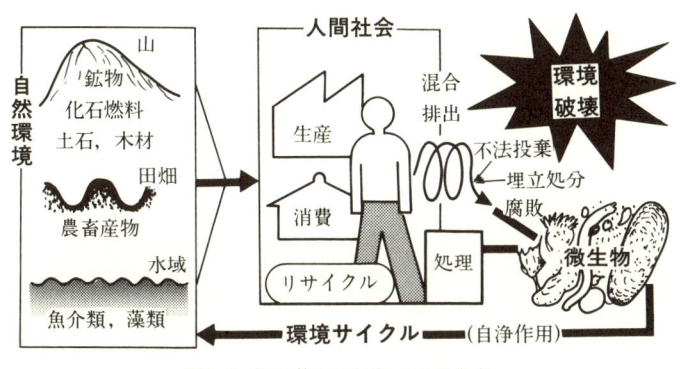

図2.3　微生物は環境保全の功労者

2.4 汚れた水域は自然に回復する

　日本は山紫水明の国といわれてきましたが，それは降雨が比較的多く，河川，湖沼，近海などの水域の水質がよかったからでしょう．通常の人の日常生活による汚濁程度ですと，水中微生物が汚濁物質を酸化分解して，深刻な汚濁は起こさなかったのです．しかし，一時の経済の高度成長で，水質汚濁が自浄作用での復元可能な程度をこえてしまい，各地で問題になりました．家庭生活でも，洗剤を多量に使う洗濯機，バス，食器洗浄機，厨房機器などが普及しましたし，生産工場では，大量の汚濁排水，分解困難な成分，有害物質などが排出されるようになりました．いまだに，四国の四万十川，北海道の阿寒湖などを除くほとんどの水域が汚濁しています．

　自然の流れでは，水中の溶存酸素が飽和（水温，塩分濃度で異なり，通常は $7\sim10$ mg/l，mg/l は $1l$ 中の溶存 mg）近くに達していますが，そこに BOD（生物化学的酸素要求量）を含んだ汚濁水が流入しますと，水中の好気性菌などがそれをカロリー源にして呼吸（酸化分解）し，溶存酸素を消費します．水中の生物は細菌も魚も気体の酸素ではなく溶存酸素を使います．流入 BOD が多いと，汚れて数時間後に溶存酸素が 1/2 以下になります．魚の種類によって違いますが，溶存酸素が十分でないと，生息している魚が呼吸困難になります．また，水が臭くなって，水道水の取水源（3 mg/l）としても使えなくなります．

　BOD は，瓶に汚濁水と微生物のいる酸素飽和の清浄水を入れて 5 日間静置し，その前後の溶存酸素を測定して，前後の差から汚濁水

の生物分解可能な物質の濃度を算出したものです.

日本の河川は一般的に短くて,上流から海まで3日以内に到達してしまいますが,世界的には5日以上かかる河川が多いのです.上流で流入した有機性汚濁物質が平均水温の20℃に保たれると4〜5日で分解しつくすために,20℃,5日間での溶存酸素の減少量を測定して,BODまたはBOD_5と表すことにしたのです(BOD_{20}を測ることもあります).

受け入れ水域の水量が大きかったり,滝になっていたり,波立っていたりすると,自浄作用が旺盛になり速やかに回復します.汚濁水量が多く,プランクトンなどが繁殖しすぎますと,溶存酸素がゼロ近くなり,水が腐ってヘドロが溜り,死の川,死の海といわれるものになります.できるだけ水域の自浄作用を促したり,下水道終末処理施設や工場排水処理施設を普及することが大切です.

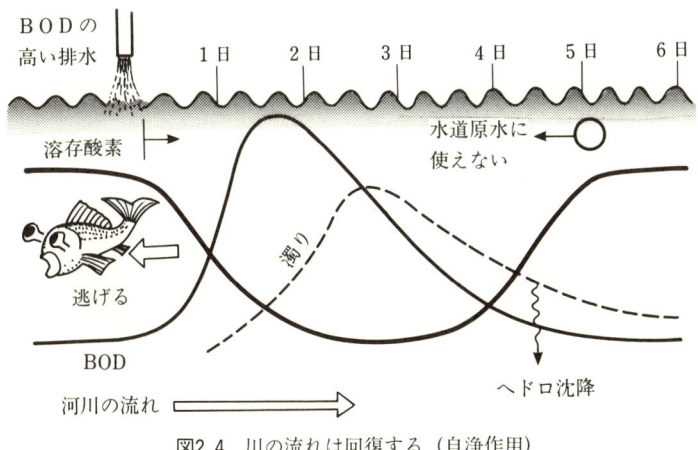

図2.4 川の流れは回復する(自浄作用)

2.5 空気中にも微生物が浮いている

　筆者は大阪市立環境科学研究所に 30 年以上勤めていましたが，環境調査のグループに応援を求められて，ときどき，事務所，地下街，病院などに行きました．そこで，寒天で固めて殺菌した培養基を入れたシャーレというふた付きの皿を現場にもち込み，一定時間ふたを開いて，その間に落ちてきた微生物を培養してカウントする調査（空中落下細菌）を行いました．また，同じ研究所に勤めていた橋本奨氏（故人，元阪大工学部教授）は真ちゅうの円筒を使って，その円筒内の空気中の微生物数を計測する工夫をしていました．培養基にくっついた個別の細菌の細胞はみえなくても，24〜48 時間培養（30〜37℃）しますと，増殖してコロニー（集落）になって，容易に肉眼で数えられるようになります．

　空気中に浮遊している微生物は，太平洋の真ん中や飛行機で飛ぶ高空の成層圏にはほとんどおらず，農山村の戸外では少なく，牧場，都会の街路，事務所，病院，一般住宅，地下街，劇場などの順に多くなります．農山村では樹木，農作物などに生育している酵母，かびなどが多く，夏にはかびの胞子が大量に浮遊することもあります．都会の街路でも，土壌微生物や人がもち込む微生物が舞い上がっています．家庭の厨房や食品売り場ではかびや酵母が多いようです．居間などでは人の皮膚の角質上皮というアカや頭のフケが多くて，前者には傷を化膿させるブドウ球菌，後者には桿菌（グラム陽性）が多いのです．人が集まる場所では，それらのほかに，口から唾液といっしょに大量の細菌も排出されています．各種のウイルスも細

かく軽いので，空気中に浮かんでいます．

　人はそのような空気中で暮らしていますが，その中には病原微生物がいて，吸い込んだり触れたりした人の体調がよくないと，感染，発病することになります．通常，戸外では紫外線などで殺菌されるため増殖することはありません．病院などでの院内感染にはとくに注意しなければなりません．ビルは冷暖房や空調のエネルギーを節約するために，屋上などから吸引した比較的きれいな空気を，冷却または加温して各部屋に送り，そのまま排気せずに，ほとんどを循環使用しています．そのために流感などの集団感染を起こす危険性があります．病院の冷暖房，空気調和などはとくに注意が必要で，循環する空気を完全に除菌したり，紫外線消毒したりしなければなりません．

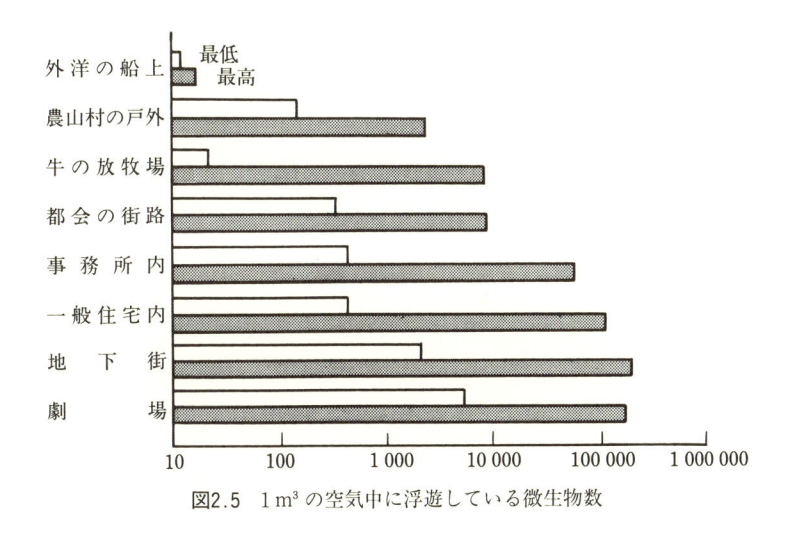

図2.5　1 m^3 の空気中に浮遊している微生物数

2.6 生活環境にいる種々の病原菌

　私たちの生活している土，水環境，空気などには種々な微生物が住んでおり，その中で，生存競争という生物相互の食い合いや，たたかいがあります．高等植物も各種の土壌微生物や腐敗菌と一緒に住んでいますが，中には植物を痛めたり，枯らしたりする植物病原菌もいます．作物を食い荒らす害虫に寄生して殺してしまう細菌も知られています．微生物には抗生物質を生成して，周辺の他の微生物を死滅させて生きているものもいます．

　人間の社会では，ほとんどの微生物が不用物の清掃役，水質の浄化役，農作物の生産調整役などをしてくれていますが，人の生命を危うくする伝染病の病原菌も古くから知られており，その問題を解明したり，治療するために微生物の研究が進んだといえます．

　病原菌の多くは食物を仲介して人の口に入りますが，前述のように，空気中に存在し呼吸によって体内に入り発病させるものもいます．それらにはコレラ，チフス，赤痢などがあり，消化器系伝染病といわれていますが，近年の抗生物質の開発で人の生活環境から駆逐されようとしています．

　同様に病原性大腸菌O 157，サルモネラ菌なども食品から感染し，食中毒と呼ばれています．発病したり，保菌した人の糞便などに含まれて環境中に排出され，下水溝などで検出されるようになります（公共下水道はそのために地下に埋設して隔離されています）．その排出物にハエ，ゴキブリ，ネズミなどが接触して食品に仲介したり，汚れた手で調理したりして病気にかかるのです．

一方で，平素，比較的安定したようにみえる土や水に住んでいて，適当な条件になると，人の生活環境で増殖して危害を加える細菌もいます．そのような細菌のうち，結核菌は抗生物質の開発で駆逐されたとみられていましたが，近年では老人性結核などの形で，再度流行しています．ライ病は原因や感染経路が不明確であったために，長年，患者を離島に隔離するような対策がとられてきましたが，病原菌や治療法がわかって，完全に解消されています．また，破傷風菌（土などを介して人の傷口から感染し，いのちにかかわる），レジオネラ菌（1976年にフィラデルフィアの退役軍人に多発したので在郷軍人病という．ビルのクーリングタワー，受水槽，シャワー，噴水などから検出され，原生動物に寄生する細菌で，激しい肺炎や発熱が起こる），類鼻疽菌（東南アジアの風土病の一種．土や水から皮膚や気道を通して感染し，炎症，できものなどを起こす）などが知られています．最近，注射針を介してのセラチア菌（グラム陰性桿菌の一種で，霊菌と呼ぶ）の感染が問題になっています．

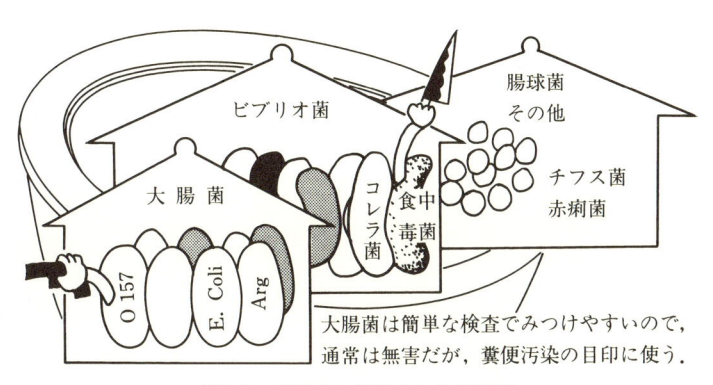

図2.6　糞便中に検出される病原菌

2.7 ウイルスはいつ動き出すかわからない

　病原菌や病原ウイルスなどは，医学の分野で研究されてきましたが，生活環境の各種微生物の中の特異なものであるとみられます．とくに，ウイルスは生物の中でもっとも小さく，水分がなくても生きていけますし，いろいろな生物の細胞の中に寄生しますので，非常にコントロールしにくいものです．通常の環境にも無数に存在していますが，体のどこかの調子が悪いと（免疫性が低下），それまでおとなしくしていた特異なウイルスが増殖して発症します．これらは日和見感染症と呼ばれ，ヘルペス（水疱瘡などいろいろな発症を伴う）はその代表的な例といえます．

　ポリオ（小児マヒ），エイズ，エボラ出血熱，流感，ウイルス性肝炎などもウイルス性の疾患です．植物でもウイルスが寄生して病気を引き起こすことが知られており，その代表的なものとしてタバコ・モザイクウイルスがよく知られています．病原菌などと比べて，存在が確認しにくく，いつ発症し，流行するのかも予測しにくいのです．日本脳炎の場合は，人が罹患する前に豚などが罹患しますので，それを知ってから急いでワクチンによる対策を講じて間に合うこともあります．

　ウイルスは細菌のような細胞膜で覆われてはいませんが，ウイークルという結晶状の殻で覆われています．ウイークルは条件がよいとマイカーのようにウイルスを乗せて寄生した細胞の中を走り回ります．ウイルスは前述のように遺伝子のDNAをコピーすることになりますが，ウイークルがそのコピーを散布するような役割を果し，

関連の細胞核のDNAを改変してしまいます．

100年ほど前に，ジェンナーが，天然痘にかかった人の細胞に天然痘にかかりにくくする物質ができていることを確かめ（わが子に接種しました），はじめてワクチンを世の中に知らしめました．病原ウイルスそのものが知られていなかった時代ですから，画期的な開発であったと思います．

昔は，子供がドロンコ遊びをしたり，不衛生な生活をしていたために，いろいろなウイルスが取り付き，ワクチンに相当する免疫性をもっている人が多くいました．その代わりに，幼児期，少年期に発病して死亡する人も多かったのです．ところが，最近では清潔な生活をするようになり，ウイルス性疾患にかかりやすくなっています．そのため，ポリオ，流感などはワクチンを接種して，感染しても発病しないようにしています．とくに，生ワクチンは普通の細胞を免疫性のある生きているウイルスに感染させて，病原性ウイルスが入り込めないようにするものです．

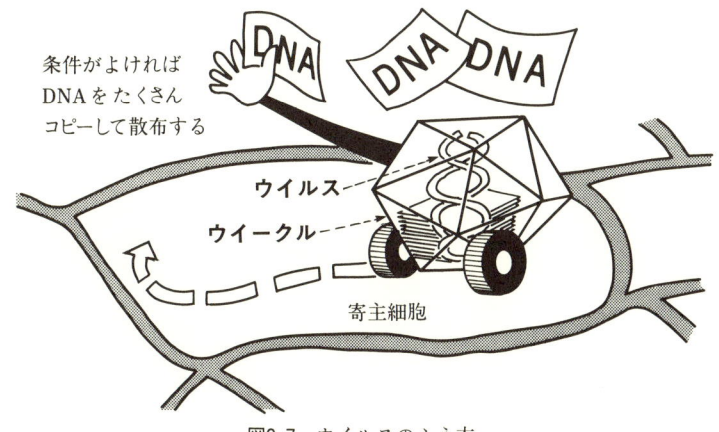

図2.7 ウイルスのふえ方

2.8 微生物は散らばりやすい

　人類は自らの繁栄のために他の生物を痛めつけてきましたが，相手の生物も自己防衛のために抵抗することが多いのです．これまでは目にみえる猛獣や害虫などとの生存競争には勝ってきました．しかし，種によっては絶滅のおそれがありますので，学術的に保存が求められています．

　微生物については，詳細が長年わからなかったり，生命力が強かったりしたために，人に都合の悪い種でも駆逐できていないものが多いのです．細菌，かび，酵母などはいろいろな食品にくっついて，ウイルス，細菌は人間，昆虫，ネズミ，一部の植物などの生物にくっついて移動します．移動先に栄養があれば，そこでも増殖して，たちまち方々に散らばります．

　ハエ，カ，ネズミなどが媒介するチフス，コレラ，赤痢，日本脳炎などは，流行地での封じ込め対策と，検疫による海外との出入りのチェックとで，かなりの流行を抑制できました．それは比較的行動範囲の狭い動物が媒介していることと，感染した人からの二次感染にも隔離と抗生物質による治療有効だったからです．ワクチンによる予防も効果を高めています．

　病原菌や病原ウイルスは国際的に WHO（世界保健機構）などの努力でほとんど駆逐されました．しかし，社会的に予防するシステムが確立されていない新種の病原菌は，海外旅行や物の移動が盛んになって，非常に流行しやすくなってきています．多くの食中毒患者を出した大腸菌の一種の O 157 も，アメリカで問題になるとたちま

ち日本でも発病するようになってしまったのです．ビブリオ菌などによる食中毒も同様の危険性をはらんでいます．ウイルス性疾患といわれるエイズや流感も同様です．とくにエイズは，ワクチンや，特効薬の開発が行われているといっても，治療方法が確立していないために，感染をコントロールすることも非常に難しくなっています．

　ペニシリン，ストレプトマイシン，オーレオマイシン，カナマイシン，バンコマイシンなどの抗生物質は，前述のように感染症治療に役立ってきましたが，それぞれが使われるたびに，それぞれに対する耐性菌ができ，いつの間にか病院などで広がり，知らぬ間に効かなくなってしまったのです．何らかの決定的な解決策が出ないと，新規抗生物質の開発と耐性菌との競争が続くとみられます．人に役立つ微生物がはびこることは望ましいのですが，都合のよいようにはなってくれない手ごわい相手であるといえます．

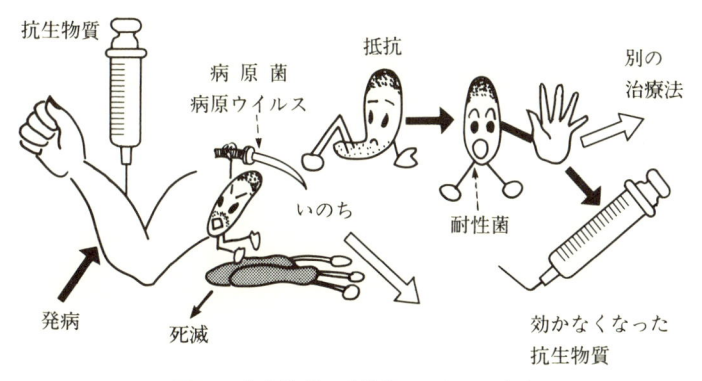

図2.8　抗生物質の耐性菌ができてしまう

3. 何でもエサにする微生物

3.1 自然界での適者生存と弱肉強食

すでに土壌中,水中,濃厚有機物中などの条件で生育している微生物の種類が違うことはお話ししましたが,自然界や生活環境には,いろいろな栄養条件,環境条件があって,それらの条件に見合った生物が住んでいます.それらの条件については後で詳しく検討しますが,そのような生物の生育や増殖の特性を適者生存の原則といいます.しかし,微生物の社会では,多少不利な条件になっても完全に死滅してしまわずに,少数が胞子や不活発な細胞の状態でひっそりと生き残っていることが多いのです.

人間の社会でもみられるように,生物には体力的,能力的に強者と弱者がいて,強者は繁栄し,弱者は衰退していきます.微生物も混在して生育していますと,細菌と青かびとでは青かびが分泌するペニシリンで細菌が殺されてその栄養になってしまうように,弱肉強食が繰り返されています.水中の原生動物が藻類,細菌を捕まえて栄養にしてしまうのも,それに相当します.しかし,通常はその弱者が完全に死滅してしまわずに,強者の生物が優勢ではありますが,弱者もその中で潜んで生き延びています.

ある特定の微生物は,たとえばブドウ糖をアルコールに変えるビール酵母や酒酵母のように,特定の変化を強力に進めますが,他の変化は少ないのです.そのため,発酵工業のような微生物を使った工業生産では,特定微生物だけを純粋分離し,他の微生物は殺菌したり,侵入を防いだりして,それがもっとも働きやすい栄養条件や環境条件に調整して効率を上げています.それを純粋培養といいま

す．たとえば，アルコール発酵の場合，同じ糖類という栄養物を利用して，目的外の物質をつくる微生物（たとえば酢酸菌）が混在していますと，それが働いた分だけアルコールの生成が少なくなりますので，純粋培養では微生物のコントロールが大切になるのです．

自然条件では，前述のように適者生存，弱肉強食があるといっても，いろいろな微生物が混在していますし，ある微生物が分解してつくったものを他の微生物がエサとして利用するというように，バトンタッチをして互いに生育していることが多いのです．そのような集団を「微生物フローラ」（微生物群）と呼んでいます．農地，埋立処分地，コンポスト施設，自然水域，下水処理施設などで働いている微生物がそれにあたります．人が排水や廃棄物の処理やリサイクルのために，フローラを利用する場合は混合培養といいます．

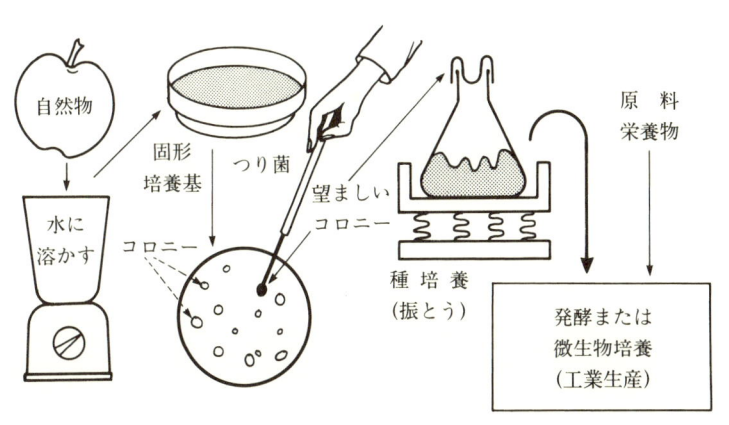

図3.1 純粋培養での微生物の分離と培養

3.2 微生物にも栄養のバランスが大切

　人間でも，他の動植物でも，細胞に含まれている成分をどこかから摂取しなければなりません．ウイルス以外の生物は水分が50〜98％で，そのほかは糖類や脂肪などのカロリー源，タンパク質，各種のミネラル，ビタミンなどでできています．人間は1人1日2 000 kcal前後，タンパク質約80 g，リン，ナトリウム，カルシウム，マグネシウムなどや各種のビタミンをとる必要があります．

　微生物の中で，通常の原生動物は他の微生物をとらえて栄養にし，ウイルスは寄生している「宿主」の成分を横取りして生きています．緑藻類やミドリムシは高等植物と同じ葉緑素を細胞内にもっていて，光合成で糖類などのカロリー源を自家生産していますが，その他の微生物は有機物をエサとして供給してもらわなければなりません（硫黄，鉄などをカロリー源にする微生物もいます）．

　動物はタンパク質やアミノ酸（タンパク質を加水分解したもの）をエサとして与えられないと自分ではつくれませんが，細菌や藻類などの微生物は，高等植物と同じように，アンモニアなどの無機の窒素化合物があれば細胞内でタンパク質をつくります．

　各種のミネラルは細胞の各部分を補強したり，代謝や増殖を調節したりする役割を果します．とくに，細胞内のミトコンドリアで取り込んだカロリー源の有機物をATP（アデノシン三リン酸）にして貯め込み，それを逐次酸化して発生したエネルギーで生きたり，ふえたりするために，ほとんどすべての生物にとってリンは不可欠なミネラルです．蛍のお尻にある蛍光物質をATPに加えますと，蛍光

が出るので，細胞が生きているかどうかを確かめるために使われています．人間などの動物にはビタミンの供給が必要ですが，通常，微生物を含む植物では，自らの体内で，ホルモンと同じようにそれを合成して役立てていて，外からの供給は不必要です．ただ，酵母の生育には，ビオス，ビオチンというものの供給が必要な場合もあるといわれています．

通常の微生物の生育に必要な栄養は，その生物を乾燥したものの成分に等しく，有機物の炭素約200：窒素約30：リン約1の栄養バランスを保つことが望まれます．微生物の細胞の周辺にそれより有機物が多いと，微生物はそれらを炭酸ガスやメタンにし，窒素が多いと窒素ガスなどにして，安定化しようとする働きが活発になります．微生物はその最適の栄養バランスに保たれますと，よく太ったり，増殖したりします．

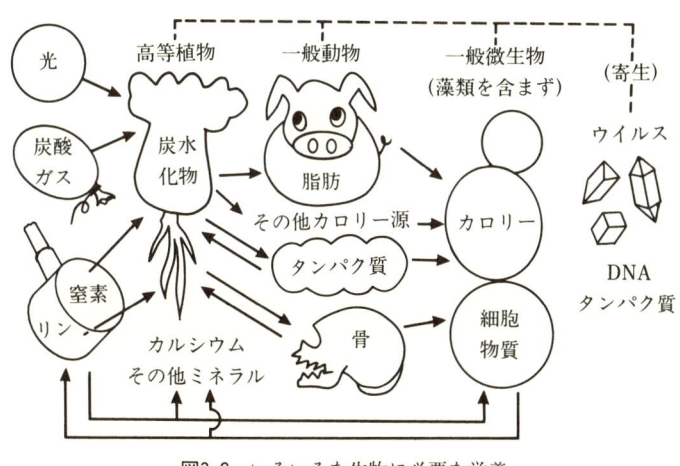

図3.2　いろいろな生物に必要な栄養

3.3 微生物の歯が立たない有機物

　自然界にある有機物は，もともと炭酸ガスなどから生物がつくったものですから，逆にすべての有機物を生物が分解してくれてもよいはずです．しかし，樹木のように長年月生育するものは，微生物に簡単に侵されたり，腐らされたりしては都合が悪いので，繊維素（セルロース）のほかに，リグニン，樹脂，フミン酸，フマル酸などの非常に分解しにくい成分を多く含んでいます．

　さらに，近年の石油化学などにかかわる有機合成化学は丈夫で長持ちするとか，微生物の生育を阻害することを歌い文句にして，新規化学物質を開発，生産してきました．それらは当面，有用で便利でさえあればよいと考えられ消費されてきましたが，不用になって排水や廃棄物として自然界にそのまま排出されますと，水域や水底に蓄積したり，腐らずにいつまでも土の中に残ったりします．

　前述のBOD（生物化学的酸素要求量）は測定自体が微生物を使って分解させているので，易分解有機物の濃度を示しています．BODの測定は厄介で長時間かかります．そのため，手っ取り早く近似的な有機物濃度を求めるために，もともとは汚濁した水に過マンガン酸カリか重クロム酸カリを加えて加熱し，それらの薬品中の酸素が汚濁有機物で消費された量をCOD（化学的酸素要求量）として測定しました．しかし，自然水が自然の有機物質で汚れている場合はCODもBODに近かったのですが，化学物質による汚濁ではそうはいかなくなりました．また，CODでは酢酸などの低級脂肪酸は測定にかかりにくいので，その相互関係が汚濁成分で変わります．

いずれにしても，易分解有機物と難分解有機物とを明らかにして対策を立てなければなりません．そのために，燃やした際に消費する酸素をTOD（総酸素要求量），そのときの燃焼炭素をTOC（総酸化炭素量）として測定することが広まっています．それは試料を酸素ボンベから供給された酸素気流中で燃焼させ，生成した炭酸ガス

表3.1 難分解な各種化合物の代表例

分　　　類	化　　合　　物
各種窒素化合物	ジエタノールアミン，トリエタノールアミン，アセチルエタノールアミン，ホルムアミド，アクリロニトリル，ジメチルアニリン，ジエチルアニリン，メラミン，キシリジン，ヘキサメチレン，テトラミン，ジアミノピリジン，モルホリン，アセチルモルホリン，アセトアニリッド
アルデヒド類	3-ヒドロキシプタナル，ベンツアルデヒド
ケ ト ン 類	ジエチルケトン，メチルイソブチルケトン，メチル・n・アミルケトン，アセトフェノン
エ ー テ ル 類	ジメチルエーテル，エチルエーテル，ジエチルエーテル，イソアミルエーテル，エチレングリコールジメチルエーテル，ビス-2-エノキシエチルエーテル，テトラエチレングリコール，ジオキサン
アルコール類	第3ブチルアルコール，ジエチレングリコール，シクロヘキサノール，アリルアルコール，ペンタエリスリット
フェノール類	ピロガロール，カテコール，キシレノール1・3・5
炭化水素類	キシレン，ナフタレン，a-メチルナフタレン，ベンゼン，エチルベンゼン，n-プロピルベンゼン，n-ブチルベンゼン，第3ブチルベンゼン，n-ドデカン，エチレンジクロライド，四塩化炭素，クロロホルム，モノクロールベンゼン
炭 水 化 物	a-セルロース，C.M.C.

を赤外線分光光度計で測定しています.瞬時に測定できることもメリットですが,設備投資がかさみます.毒性のある有機物質も出回っていますが,それらについては別に検討します.

　天然の難分解物は長期間で炭酸ガスになりますが,人工的な難分解物は生産しないようにしたり,無難に燃やしたりする方向に進まなければなりません.しかし,塩化ビニルのような塩素,フッ素,臭素などのハロゲンを含む合成有機物質は,燃焼によってダイオキシンが発生しやすいので,処理に注意しなければなりません.

表3.2　各種化学物質のBOD,CODおよびTOD

物　質　名	BOD_5 (g/g)	COD (g/g, $KMnO_4$)	TOD (g/g)	$\dfrac{BOD}{TOD}$	$\dfrac{COD}{TOD}$
メタノール	0.960	0.015	1.50	0.64	0.01
エタノール	1.350	0.017	2.09	0.64	0.01
アミルアルコール	1.265	0.018	2.73	0.46	0.01
ベンジルアルコール	1.550	0.097	2.52	0.62	0.04
グリセリン	0.720	0.262	1.22	0.59	0.21
マンニトール	0.680	0.724	1.14	0.60	0.64
グルコース	0.580	0.598	1.07	0.54	0.56
でん粉	0.680	0.117	1.19	0.57	0.10
ギ酸	0.086	0.032	0.35	0.25	0.09
酢酸	0.700	0.001	1.07	0.65	0.00
プロピオン酸	1.300	0.004	1.51	0.86	0.00
シュウ酸	0.100	0.125	0.18	0.56	0.69
コハク酸	0.640	0.001	0.95	0.67	0.00
安息香酸	1.250	0.008	1.97	0.63	0.00
サリチル酸	0.950	1.334	1.62	0.59	0.82
パルミチン酸	1.464	0.003	2.87	0.51	0.00
フェノール酸	1.700	2.455	2.38	0.71	1.03
o-クレゾール	1.600	1.566	2.52	0.63	0.62

3.4 細胞の中で有機物が燃える

　実際の河川，湖沼，閉鎖的な海水域などの汚濁は，特定の工場排水を大量に受け入れている場合以外は，生活排水のような種々の易分解有機物や，窒素，ミネラルなどの混ざった排水の流入によって進行し，通常は好気性分解して次第に回復していきます．土中に少量の食品の調理くず，糞尿，汚泥などの有機性廃棄物を入れたり，それを堆積，切返し（上下を入れ換える操作）してコンポスト化したりしても，好気性微生物によって分解されます．それらは前述の微生物の栄養バランスに近い条件に保たれています．

　微生物細胞の周囲に供給された有機物の中の低分子のもの（糖類，アルコール，低級脂肪酸など）は，細胞膜（半透膜）を通して細胞液に移動し，そこで ATP を経て，燃焼に近い酸化分解を起こすのです．繊維，ペクチン，でん粉のような比較的大きい分子の有機物は細胞膜を通しませんので，細胞が分泌する酵素で分解，低分子化（消化）して吸収されます．その分解は1種類の微生物では完結できず，繊維素分解菌→かび（でん粉糖化など）→酢酸菌→酢酸資化菌のような順番で行われます．人間が食物を消化する場合の唾液，胃液，膵液などの酵素での分解と同じです．

　吸収されたカロリー源が燃えるとはいっても，炎を上げて一気に燃えるのではなく，線香が端から徐々に燃えるようにゆっくり燃えて，微生物が代謝したり，増殖したりするためのエネルギーを得るのです．それでも有機性廃棄物のコンポスト化の場合は，内部が50〜60℃に達することがあります．微生物は吸収する栄養物と一

緒に溶存酸素を取り込み，分解物は炭酸水にして細胞膜の外に排出します．それが微生物の呼吸です．

通常の好気性微生物の細胞が分泌した酵素では容易に分解，低分子化しきれない有機物が難分解有機物ですが，物によってはキノコ類の菌糸で分解したり，嫌気性細菌の酵素で分解します．空気が供給されにくい条件で働く嫌気性細菌の栄養のとり方や有機物の分解の過程も，好気的な場合とほとんど変わりませんが，中間で低級脂肪酸やアルコールになり，分解生成物はメタンや水素と水です．

流れの緩やかな河川，湖沼，港湾などの水域では，通常，好気性微生物が有機性汚濁物質を酸化分解し，難分解な浮遊物質や増殖した微生物の一部が水底に沈降してヘドロになります．そのヘドロが嫌気性細菌で分解され，一部は水溶性物質になって上層の好気性微生物に供給されます．嫌気性分解では，硫化水素，メチルメルカプタン，メチルサルファイドなどの臭気物質も生成します．

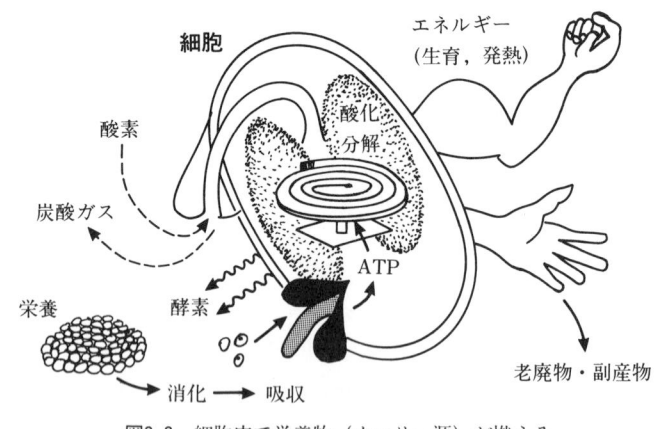

図3.3 細胞内で栄養物（カロリー源）が燃える

3.5 赤潮はどうして起こる

　春や夏には，よく内海で赤潮が起こり漁業被害が報道されます．海では，暖流と寒流，海水域と汽水域（河川などの流入で淡水が混ざった水域），水面温度の高低などがあって，多少条件の違う水同士が接触して混ざる潮目というものができます．そこでは帯状に水の上下動が起こり，深い水深の水（通常栄養が多い）が水面に上がります．その条件で鞭毛虫や藻類などのプランクトンが異常に増殖し，ときには赤く色づいたり，緑色，褐色になるので，それを赤潮と呼びます．本来，薄緑色のプランクトンの葉緑素が少なくなって，楓が紅葉したような状態になります．潮目では，溶存酸素が減少しすぎて魚が呼吸困難になったり，プランクトンの腐敗物質で中毒を起こしたり，プランクトンでエラをつまらせて死滅したり，他の水域に逃げてしまったりします．近海漁業はプランクトンが多いほど，タンパク質としての水揚げは上がりますが，限度をこえると赤潮の被害を受けるのです．

　藻類は水稲のような高等植物と同じように光合成をしますので，栄養として窒素やリンなど（富栄養化物質）の肥料にあたるものが含まれているとよく生育することになります．それらは施肥した農地からの流出水や，生活排水などが流入することによって供給されます．その水域は排水に含まれているBODやCODを受け入れる以外に，藻類が繁殖し死滅することによって著しい有機性汚濁を起こすことになります．そのために，AGF（藻類増殖潜在能力：試料の水に特定の藻類の種を植え付け，光をあてて培養し，最大に増殖

た藻類の生体量を測定）というものを測定することもあります．赤潮という漁業への悪影響以上に，間接的にBODでの汚濁と同じで，総合的な汚濁の進行が問題であるといえます．

　前述のように，窒素もリンも，微生物の代謝や増殖に必要ですが，前者の窒素は自然界にも比較的大量にあり，普通はタンパク質→（一般的な細菌）アンモニア→（亜硝酸菌）亜硝酸→（硝酸菌）硝酸と変化します．その硝酸を含んだ水がヘドロなどと接触して嫌気的になると，脱窒素菌が働いて，窒素ガスとして空気中に飛散してしまいます．一方のリンは地球上に比較的わずかしかありませんが，いったん水域に入ると，ヘドロとして水底に沈殿したり，それが腐って溶け出したりしながら貯まります．水田に肥料を施した場合も，窒素やリンが同じような動きをすることが知られています．農地で作物に吸収されなかった肥料成分も赤潮の原因になります．

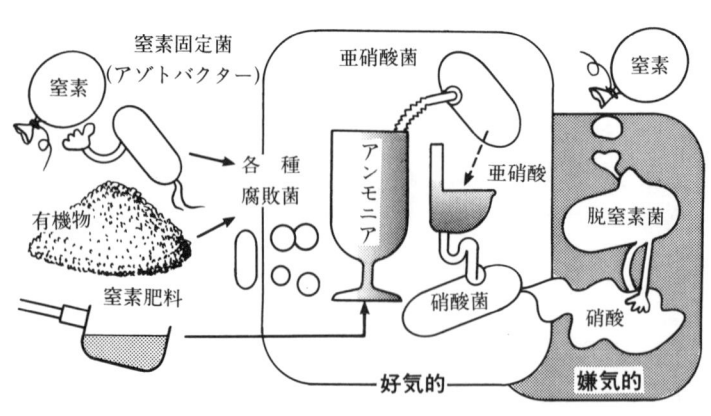

図3.4　自然界で窒素はつぎつぎ変形する

3.6 池の表面が真っ青になる

　各地の水質を調べていますと，池，沼，湖，堀，ダムなどの流れや波立ちの少ない淡水域の水面が青いペンキを流したように真っ青になっているケースに出会います．それはミクロシスティスという藍藻類が，ゼラチンに包まれたような形で異常に増殖し，水面に浮かんでいるものです．「水の華」とか「アオコ」と呼ばれています．

　それが水面に集まるのは，藍藻の細胞内にガス胞という空気とほぼ同じ組成の泡（一種の浮き）をもっているからです．多くの場合，藍藻のほかに珪藻類，緑藻類も混在し，その水面下の水には大量の細菌が生息しています．

　赤潮と同じように，窒素，リンなどの栄養塩がありますと，増殖を始め，水面に浮かんで強力な光合成を行います．海水域の赤潮は海流や干満があり，水の流れの条件が違います．同時にBOD, CODなどの有機性汚濁を伴いますと，いっそう増殖します．それは直径1～30 mmの塊になり，表面は空気中の酸素を直接消費しますが，水面下では溶存酸素を大量に消費することになります．海水域では塩分などの濃度が高いために，微生物が増殖しても水質の変化は緩やかですが，淡水域では生成物で水質変化が起こりやすいのです．

　池では，昼と夜の寒暖の差の少ない季節は，発生したアオコは浮かんだままで増殖し続けますが，水面下でやや嫌気的になり，塊が解体したり沈降したりして溶存酸素を消費し，ヘドロになります．冬の昼間に気温が下がると，底部の水温が高いままであるために，比重が上層より低く，上下動が起こります．池がかきまわされてア

オコがヘドロと一緒に底に沈降します．しかし，また暖かくなると，藻類の細胞が分散して，たちまちアオコを形成します．アオコの藍藻は，ヘドロの有機物などで溶存酸素が消費されて，$1\,\mathrm{mg}/l$ 程度しかない条件でもよく増殖します．水中に炭酸塩がふえて，pH が 9 近くになっても生育します．

　アオコを防ぐためには，池や湖沼などに流入している排水の水量や水質を調べ，栄養塩類を流入させないように排水を削減したり，高度処理したりする必要があります．生活排水，工場排水などの排出先では，BOD などの有機性汚濁物質を除去分解するだけでなく，窒素，リンの除去設備を設ける必要があります．沈殿堆積したヘドロを除去したり，池をばっ気することも行われていますが，それらは抜本的な対策にはなりません．湖沼で淡水魚の養殖をして，エサをまきますと，その 80%以上が水質汚濁源になるといわれています．アオコの発生で自縛することになるのです．

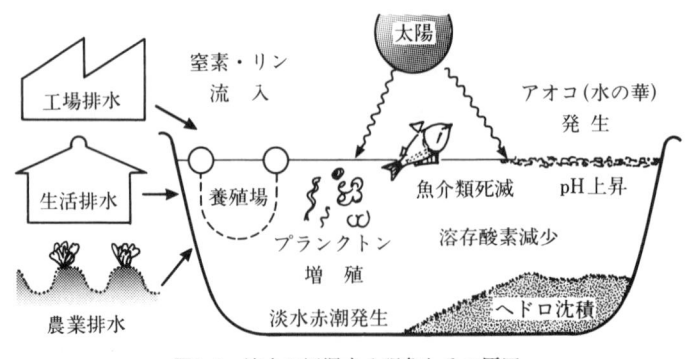

図3.5　池水が汚濁する現象とその原因

3.7 硫黄や鉄までエサにする細菌

　普通の有機物がある条件では，前述のような好気性や嫌気性の微生物が生育していますが，それらが含まれていない条件や，有機物が分解されつくした条件でも，溶解した硫黄化合物や鉄がありますと，生育する微生物がいます．

　地球上でもっとも古い生物は，海底火山の噴出で出てきた硫化水素を酸化してエネルギー源にする硫黄細菌ではないかといわれています．

　現在でもやや嫌気的条件で光合成する緑色硫黄細菌，紅色硫黄細菌などが，水田，温泉，汚泥ピットなどに広く分布し，細胞内に硫黄の粒を溜め込んでいます．硫黄があって，好気的条件に置かれますと，硫黄を酸化して硫酸にし，その際に得られたエネルギーで生育する硫黄酸化細菌もいます．普通の下水汚泥などの中では，生成した硫酸でpHも下がって，自分自身が生育しにくくなりますが，汚泥にカルシウムが含まれていますと，中和され，石膏など不溶性物質になって，生育が維持できます．また，船底やコンクリートの防波堤などに付着して生育した貝や海草が腐って硫化水素が発生し，細菌が繁殖して腐食するトラブルを起こします．船底の鉄板は，細菌のつくり出した硫酸によって，孔食という孔があくような腐食を起こしますので，生物を殺す働きのある船底塗料（ブチルすずなど）を塗ります．しかし，それが毒性物質として別の水質汚濁を起こすことになってしまっています．なお，硫酸塩を還元して硫化水素にする硫酸塩還元菌も知られており，水田，底泥，汚泥ピットな

どに分布しています．

　糞尿，埋め立てた廃棄物などに硫黄を栄養にする種々の細菌が酸素の有無などで住み分けていますが，混在して互いに助け合って生育していることも多いのです．とくに，密閉した環境では，硫化水素の酸化は抑制されますので，人が入ると硫化水素中毒や酸欠を起こすことがあります．

　鉄も地球上に多い成分で，土に浸透した雨水が鉄を硫酸鉄のような形にして溶かし込みます．このため谷川や井戸で多量の水が得られても，カナケ（鉄分）が多いために利用しにくい場合が多いのです．しかし，その水が空気にさらされますと，褐色のネバネバした凝集物ができ，それが岸や水路に付着したり，こし分けられたりしますと，カナケのないきれいな水になります．それは，好気的な鉄細菌（鉄バクテリア）が，溶解している鉄を酸化して酸化鉄（Fe_2O_3）にし，そのときの酸化のエネルギーで生きるからです．

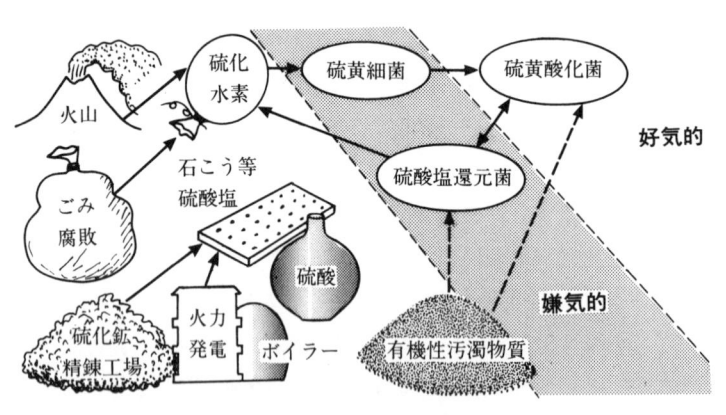

図3.6　硫黄含有物の環境への供給とその変化

3.8 食べて溜め込んでしまうもの

　人の食事や病気治療では栄養にならない異物を口に入れることが多いのですが，少量なら肝臓の解毒作用などで排泄するようになっています．しかし，物質の種類や摂取量によっては，排泄された体内に溜まったままになります．摂取許容量とは通常の蓄積量では障害の起こらない限度をいいますが，飲料水中のクロム，カドミウム，ヒ素などの種々な非鉄金属はそれが非常に低い数値になります．すべての生物はそのような有害物質で影響を受けますが，種類によって影響の受け方，許容量が違ってきます．

　栄養物質と一緒に供給された化学物質の微生物への影響については 4.4, 4.5 で解説しますが，① 細胞内に取り込めなくなるもの，② 細胞内で生理作用を妨害するもの，③ 細胞内に蓄積するもの，などがあります．① は透過性のある細胞膜をつまらせて吸収，排出を阻害するものです．②，③ のように，細胞内に取り込んでも，正常な細胞をつくっている物質以外のものは異物であり，悪影響を受けやすいのです．3.7 で紹介した硫黄細菌が代謝でできた硫黄を細胞内に顆粒状に蓄積するのはやや異例です．

　世界的に有名な水俣病は，メチル水銀を微生物や魚介類や人間が栄養と一緒に食べて，体内に溜め込んでしまったために起こった悲惨な事件です．日本窒素という会社の水俣工場がアセトアルデヒド製造工程で使った触媒が，排水に混ざって無処理で水俣湾に排出されたことが原因でした．それが海洋性の細菌→プランクトン→魚介類→周辺住民の順番で，他の栄養物と一緒に摂取されたのですが，

段階を経るたびに細胞中のメチル水銀の濃度が上がっていきます．それを「生物濃縮」と呼んでいます．食物連鎖の頂点に立つ人間がもっとも濃縮された魚介類を食べ，その摂取量が肝臓の解毒能力をはるかに上回ったために，内蔵や脳に蓄積して発病し，多くの人々が死亡しました．また，妊婦が摂取したために胎児性水俣病まで発生しました．

人が栄養過多で脂肪太りするように，微生物も摂取した余分なエネルギーを細胞内に油滴として溜めます．微生物が有害物質に触れた場合に，それが水溶性であれば，短期的，直接的に悪影響を受けますが，脂溶性であると，溜め込んだ油滴や，核内に蓄積して，慢性的な悪影響を受けやすいのです．

今後，ある目的に適した化学物質を合成したり使用したりする場合に，事前に，環境や社会全体への役割や影響まで十分調査するような取組みや研究（リスクアセスメント）が必要です．二度と水俣の轍を踏んではなりません．

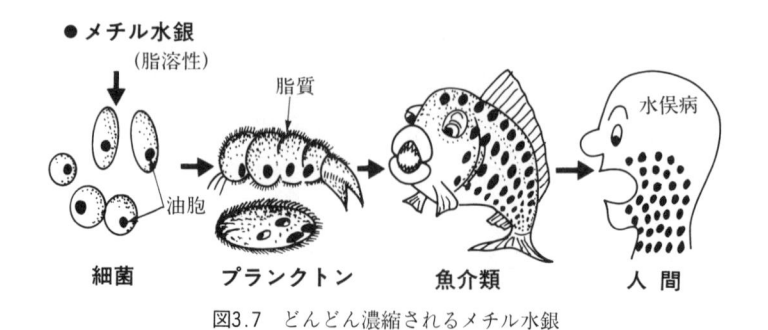

図3.7 どんどん濃縮されるメチル水銀

4. 微生物を働かせる環境条件

4.1 冷暖房を好む微生物

　日本人が長生きするようになったのは，暑さや寒さをあまり我慢せずに，多量のエネルギーを使って冷暖房する生活をしているからだといわれています．生物にはその種類ごとに最適温度や耐久温度があって，植物には熱帯植物，寒帯植物があり，同じ人間でも，30 ℃以上でも平気なチャモロ族（グアム島原住民）と，0 ℃付近でも生活しているイヌイットなどさまざまです．

　微生物でも，本来なら細胞内のタンパク質が凝固（卵の煮抜きの状態）してしまうはずの 60 ℃以上の温泉の湯に生育するもの（硫黄細菌の一種）がいたり，シベリアの氷土の中でも生きているものがいます．通常の純粋分離した微生物は個別に比較的狭い生育温度範囲がありますので，特定の微生物を使った発酵工業や，麹やパン酵母製造工場などでは生育環境をそれらの最適温度に調整して生産しています．

　自然環境では，高等植物の生育が夏に盛んであるのと同じように，微生物の生育も総体的には温度条件に左右されます．微生物フローラの場合は，栄養条件さえ満たされれば，フローラを構成している各種の微生物が，適者生存の原則に従って，周辺温度の変化（通常は急激には変わらない）に対応して変化したり，違った種類に世代交代します．微生物フローラは野球チームのようなもので，レギュラー選手の働きが思わしくなくなると，ベンチ入りしている選手が代打や代走に出て活動することになります．純粋培養の微生物は一定条件では効率よく働くでしょうが，栄養条件や環境条件が変わる

と，その働きは著しく低下してしまいます．河川の自浄作用などは，5℃以下では著しく低下しますが，それ以上から40℃近くまでは，高温であるほどわずかずつ促進される程度です．廃棄物をコンポスト化する場合は，有機物が濃厚な状態ですので，切返ししすぎないようにすれば，50～60℃の高温を保って，常に効率よく分解します．

水域で沈殿して溜まったヘドロ，密閉タンク（消化槽，メタン発酵槽）に入れた下水汚泥，埋立処分地に投棄された有機性廃棄物などは，前段階で比較的高分子の有機物が嫌気性微生物で低級脂肪酸などの水溶性低分子有機物に変わり，後段階で数種のメタン菌によってメタンと炭酸ガスに分解されます．前段階はフローラの働きですので温度調節をあまり必要としませんが，後段階は1～数種のメタン菌しか働きませんので，30～38℃（中温菌）か，47～55℃（高温菌）に調節する必要があります．

図4.1 微生物をよく働かせるために

4.1 冷暖房を好む微生物

4.2 酸化的・還元的な条件を保つ

 微生物には好気性と嫌気性があることは2.2でお話ししましたが，河川や湖沼や土壌中などの自然に近い条件，あるいは，汚れた排水や廃棄物を処理する施設の中などでも，それぞれの微生物フローラに望ましい条件に保つように努めることによって，効率が上がることになります．すなわち，好気性微生物が生育している条件では，できるだけ十分に酸素に触れさせ（水の場合は溶存酸素を多くする），嫌気性微生物が生育している条件では，微生物が酸素に触れないようにする（タンクや室内を密閉する）ことが望まれます．

 化学反応のほとんどが酸化か還元ですが，その酸化しやすさ，還元しやすさを測定する指標のひとつとして，酸化還元電位（ORP）があります．電位計の白金電極と水素電極を同じ試料の水中に入れますと，条件によって微弱な電流が流れやすくなったり，流れにくくなったりします．通常，Eという値が示され，それがプラスなら酸化的，マイナスなら還元的です．微生物が生育している条件では，プラス200 mV以上にすると好気性分解，マイナス200 mV以下にすると嫌気性分解が進みます．

 また，溶存酸素計という計器も普及しており，酸化還元電位の測定と同じように，試料の水中に電極を入れるだけで，その値がmg/lで示されます．0.2 mg/l以下なら好気的ではないと判断し，1 mg/l以上なら好気的であるとみられます．ばっ気している水槽内，発酵した排ガス中などでも，同じように計測できます．

 河川や排水処理施設などの好気的条件に保っていなければならな

い位置で，酸化還元電位や溶存酸素が低い場合は，自浄作用や好気性処理が進まず，水が腐敗して悪臭が発生したり，ヘドロが溜ったりしますので，何らかの方法でばっ気する必要があります．その具体的な方法は後で詳しく検討します．固形廃棄物を好気性処理するような場合は酸化還元電位を測定しにくいので，間隙の気体の酸素を測定して，指標にすることができます（溶存酸素計を使う）．コンポスト化施設では，それが低下したら切り返すことが望まれます．汚泥や濃厚廃液の嫌気性消化槽（メタン発酵槽）で酸化還元電位が下がり切らない場合は，原因を解明しなければなりません．密封したり，有機物質の濃度を上げたりすることが必要になります．

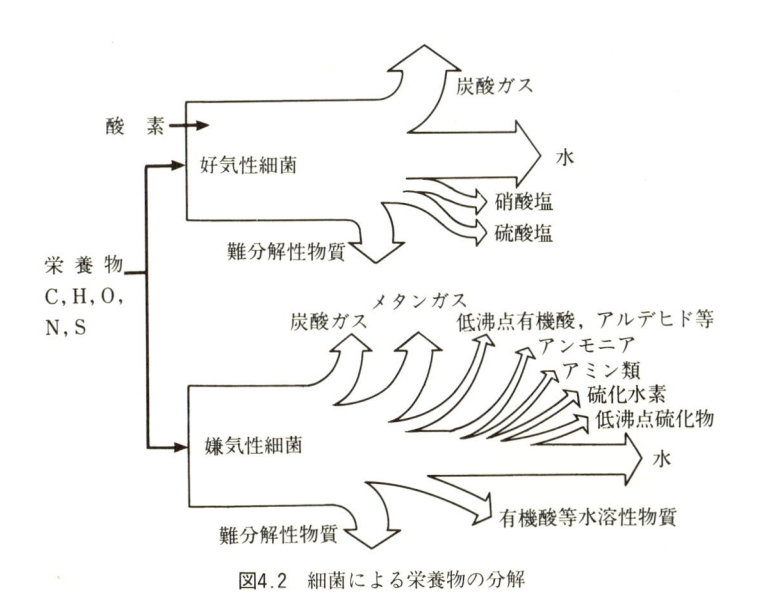

図4.2 細菌による栄養物の分解

4.3 微生物周辺の塩類濃度

　大きい大根でも沢庵漬にすると小さくなってしまいます．それは，水分の多い細胞の周辺を塩分濃度の高い液体で覆いますと，細胞膜の内と外とで浸透圧という圧力差ができて，細胞内の細胞液が外に出てしまうからです．

　U字型のパイプの下の湾曲部に半透膜を挟み，片方に濃厚液，他方に同じ水位になるように水を入れますと，水は膜を通して濃厚液の方に移動し，水位差ができます．その水位差が浸透圧というもので，濃度差が大きいほど大きくなります．細菌などのほとんどの微生物も，細胞の周辺を濃厚な塩分や糖分で覆われますと，浸透圧が高まって細胞液が浸出し，原形質分離という乾燥と同じ現象を起こして，水分や水溶性成分がなくなります．そのために，多くの微生物は生育できなくなったり，死滅したりします．食品の塩漬け，砂糖漬けなどは，湿った状態のままで，もとの食品も周辺の微生物も干物にしてしまう保存方法です．

　魚には淡水魚と海水魚がいますが，通常の微生物は海水のような塩分2%近くでは浸透圧が高いために生育しにくく，海水に住んでいる微生物はマリンフローラとか，好塩菌と呼ばれて，別扱いされてきました．しかし，海水中には3.7で解説した硫黄やその化合物を利用する細菌や，多くの種類の好塩菌やプランクトンがいます．

　1960年頃，当時はBODの高いし尿や廃液を処理する場合，淡水で希釈して塩分5 000 mg/l以下にしなければ，好気性微生物による処理が困難であるといわれ，淡水の水源がない地域ではそれらの処

理に困っていました．確かに，通常の条件で増殖した微生物を使って，海水希釈した汚水の処理をすることは困難です．

筆者は，汚濁した海水も，自浄作用できれいになりますから，適者生存の原則で海水中にも処理に役立つ微生物が生息しているはずだと考えました．コイを海水の水槽で飼うことはできませんが，タイなら飼えるはずであると考えたのです．実験的に適者生存の原則で，海水中にも処理に役立つ微生物がいるはずであると考え，海水で希釈したし尿をばっ気し，それで生成した泥をつぎつぎに加える方法で十分に処理できることを実証し，1965年にははじめて実用施設に使うことに成功しました．その結果，世界的に淡水が得にくい化学工場，石油精製工場，水産加工工場などの排水も，塩分濃度の高い状態で活性汚泥処理するようになりました．

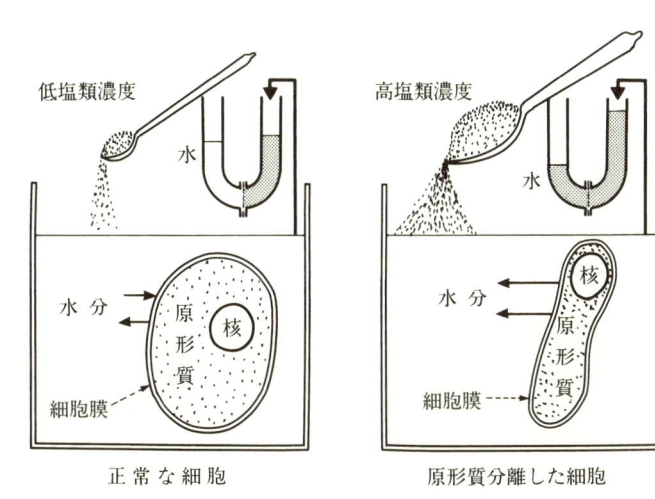

図4.3 塩類濃度と細胞の原形質分離

4.4 微生物をやっつける化学物質

人間は古くから他部族を征服するために,天然の毒物を毒矢の材料や暗殺の薬に使ったり,ローマ時代から欲望を満たすために非鉄金属を採掘,精錬して,金属毒を流すようになりました.毒キノコ,フグ毒,トリカブト,毒イチゴなども昔から知られています.近代になって,工業生産の材料として,酸,アルカリ,酸化剤,還元剤,溶剤などが大量生産され,大量消費されるようになり,それらを含む排水が排出されて問題になるようになりました.

タール工業,石油化学工業などが,プラスチック,合成繊維,洗剤,染料,塗料,農薬,殺虫殺鼠剤などを合成しましたので,それらの関連の複雑な有機物質での環境汚染も起こっています.農薬や殺虫剤は表面上,人畜無害を標榜していましたが,人を含む生物に多少の悪影響があることを承知の上でつくったものです.

最近,問題になっているダイオキシンや環境ホルモン(正確には外因性内分泌攪乱物質)などは,人や家畜などに異常が起きて,はじめて解明されたものです.利便性だけを追求して開発してきたために,中間製品や製品,副生した不用物や排水に有害物質が含まれていて,それが人のいのちや健康をおびやかすようになってから問題になったのです.それらのほとんどが微生物にも,何らかの阻害作用のあることがわかっています.

病原菌や病原ウイルスに感染しないように消毒する目的と,感染してしまった体内の微生物をやっつけて治療する目的とで,既存の天然物質を含むいろいろな化学物質が調べられたり,合成されたり

しました．前者は消毒薬として，比較的激しく微生物の細胞や構成物質を攻撃するものですが，後者は人間や家畜や農作物をできるだけ痛めないで（副作用を少なく），病原微生物だけを抑制しようとするものです．フェノール，クレゾール，逆性石けん，昇汞(しょうこう)などが前者の代表で，抗生物質やサルファ剤などは後者の代表です．

それらの化学物質は，清潔で便利な生活，安全で効果的な医療，高収率の農畜産などをもたらしましたが，一方，昔はたくさんいた野鳥，魚介類，昆虫などが生息しにくくなってきたように，自然の生態系に悪影響を与えてきたことも確かです．化学物質の多くは劇毒物の規制や各種の環境関連の法律で，自然環境に排出することを禁止されていますが，完全にコントロールされているとはいえません．

微生物は個々の有害物質の特性に応じて，栄養の吸収，呼吸，増殖などを阻害されることになりますが，複雑な生理作用を営んでいる人への影響と直接関係があるとはいえません．とくに，発ガン性や催奇性（奇形児が生まれやすくなること）などは複雑で，他の生物への影響から類推することは困難です（エームズテストという代替法も使われています）．しかし，微生物に影響を与えていることがわかれば，危険性があるとして注意することができます．

化学物質には，「毒もわずかなら薬」といわれるように，微量なら生長や増殖などの好影響があり，一定濃度以上では有害作用を発揮するものもあります．何でも危険という非科学的，感情的な姿勢では，快適で安全な生活がしにくくなるという側面もあります．一方，後述のように，しぶとい微生物もいて，多少の有害物質があっても平気で生育したり，分解したりするものもいます．そこにも微生物のおもしろさがあるといえます．

4.4 微生物をやっつける化学物質

表4.1 人体に対しての主要な毒性物質

分類		毒性物質
人工毒	無機物質	水銀（有機水銀の形で水俣病），カドミウム（イタイイタイ病），鉛（鉛毒），ヒ素（呼吸毒など），6価クロム（鼻中核穿孔，ガンなど），各種放射性物質（ガン，その他），アスベスト（石綿→ガン）
	ハロゲン化物	トリクレン，パークレン，クロロフォルム，DDT，BHC，2-4-5T（除草剤），PCB（カネミ油症，ガン），塩ビモノマー（ガンなど），ダイオキシン，フロン（オゾン層破壊），モノフルオル酢酸（殺虫剤）
	その他	ベンゼン，トルエン（左2者－貧血，けいれん），シアン化物（呼吸毒），パラチオン，マラチオン（左2者－有機リン系農薬），アクリル酸エステル（神経毒），アフラトキシンB_1，ベンツピレン，ニトロソアミン（左3者－ガンなど），サリドマイド（奇形児）
天然毒	動物含有	α-ブンガロトキシン（蛇毒），さそり毒，蜂毒，ガマ毒，テトロドキシン（フグ毒），キサシトキシン（貝毒－以上6者は主として神経毒）
	植物含有	アセチルコリン，d-ツボクラリン（矢毒），アコニチン（トリカブト），ストリキニーネ（矢毒），フィゾスチグミン（裁きの豆），リシン（ひま種－暗殺剤），ムスカリン，イボテン酸，プシロシピン（左3者－きのこ毒），ジキトキシン（ジキタリスの葉），ニコチン
	微生物生産	テタストキシン（破傷風菌の毒），ボツリヌストキシン（ボツリヌス菌の毒），コレラトキシン（コレラ菌の毒），ペニシリン，ストレプトマイシン，バンコマイシンなどの抗生物質

4.5 環境中の有害物質をみつける

　大気，水，土壌などに有害物質が含まれていますと，生物の種類によって影響に差があっても，生育や生存がおびやかされます．通常，水に溶けて細胞内に取り込まれますので，その水溶液中の各種物質を，無機成分なら原子吸光光度計，高周波プラズマ，イオンクロマトグラフなどの装置で，また有機成分ならガスクロマトグラフ，高分解能ガスマススペクトルなどの装置で，かなりの低濃度でも分析することができます．ある水域や大気が特定の有害物質で汚染される危険性がありますと，その濃度を監視します．

　生物に対する有害物質の影響の程度は，古くから各種の魚介類（金魚など），ミジンコ，各種の細菌（大腸菌など）などを使った生物検定法（バイオアッセイ）で調べられてきました．試験に使った生物の半数が死滅する有害物質濃度を半数致死濃度（LD_{50}，TLm）で示すことが多いのです．消毒薬の殺菌能力などは，フェノール指数といって，フェノールの何倍に相当するかを示すこともあります．

　水の自浄作用や排水の好気性処理が，有害物質でどの程度阻害されるかを明らかにするために，人工排水に種々の濃度の有害物質を加えて BOD を測定し，その測定値が半減する濃度を求め，TC_{50} として表す方法も使われています．

　著者らは，有機物質が微生物フローラで最終的に炭酸ガスと水になる直前の酢酸をカロリー源として利用する酢酸資化菌の研究を行い，清浄な自然水では一種の好気性菌（学名 *Pseudomonas arvilla*）が優先していることを明らかにしました．この研究は，この菌が酢

酸アンモニアを主とした人工排水によく生育し，アンモニアを生成してアルカリ性になることを利用したものです．種々の濃度の判定対象物質と清浄河川水を，菌を入れたシャーレに添加し，30℃で1〜2日培養して，その資化菌の増殖を阻害する毒性判定濃度（IC）を簡単に測定できました．この方法では，有害物質の含まれていないシャーレの内容液のpHが0.5上昇するまで培養し，各シャーレのpHを測定します．その内容液のpHが急に変化する有害物質の濃度を調べるのです．

培養液調製
　　酢酸アンモニウム　　10 g/l
　　リン酸緩衝液　　　　10 ml/l
　　塩化第2鉄液　　　　10 ml/l
　　塩化カルシウム液　　10 ml/l
　　塩化マグネシウム液　10 ml/l

培養液分注

殺　菌
　↓ 30分蒸気滅菌

試料および細菌添加

検　水	0 (対象)	1	2	4	6	8	10	0 ml
滅菌水	10	9	8	6	4	2	0	10 ml
河川水	1	1	1	1	1	1	1	0 ml

　培養当初のpH 6.7

培　養
　↓ 細菌増殖（濁り増加）
　　アンモニア遊離（pH上昇）

判　定

外観	濁	濁	濁	透明	透明	透明	透明	透明
pH	7.2	7.2	6.9	6.7	6.7	6.7	6.7	6.7
pH上昇度	0.5	0.5	0.2	0.0	0.0	0.0	0.0	0.0

　　　　　└─毒性判定濃度IC　　　　　pHメーター

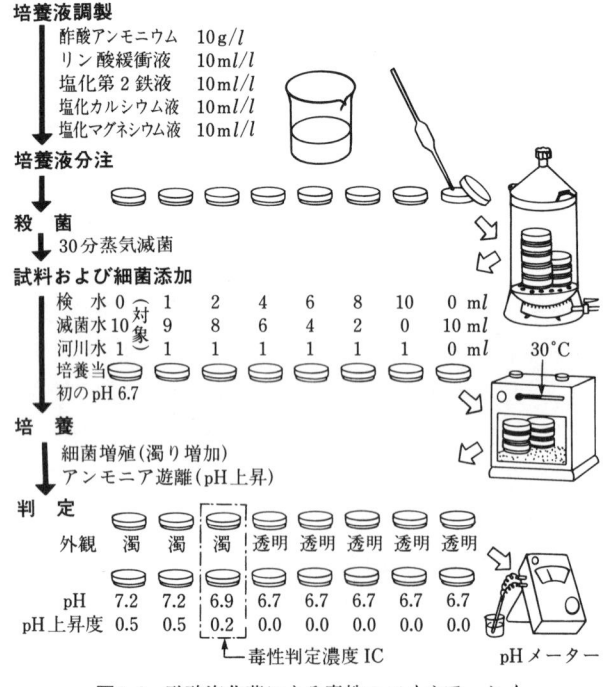

図4.4　酢酸資化菌による毒性のバイオアッセイ

表4.2 各種物質の魚類に対する毒性濃度

	IC (mg/l)	魚類一般 (mg/l)	minnows (mg/l)	金魚 (mg/l)	トゲ魚 (mg/l)	マス (mg/l)	オオミジンコ (mg/l)
水　銀	0.06	0.01～0.1			0.003*	9.24～369	0.0032**
銀	0.15	4.01～29.6	0.07～3.18	0.12*	0.008～7.39	0.003*	0.004**
銅	1.99	>1.0*			0.004*	1.75	0.004～0.08
ニッケル	3.79	0.32～6.37		4.5			0.3**
クロム(VI)	8.84	5～9*	3.67	104～177*	0.8～50	5.2～20*	0.016～0.1*
						50～100	
カドミウム	9.20				0.20～3.33	6.07～10.1	0.0016**
亜鉛	8.09	27.5	0.32～162	0.25～62.5	405		
	7.82	4.05	10.4～519		0.1～1.0		
コバルト	16.1				10		1.4**
マンガン	36.4	7～15			19～50		21.8**
硝酸塩	80	3 400～5 500	200～1 000	200		1.6～15.6	56～62*
塩酸塩	30	1.56～20		166		10～35	29
硫酸塩	20	40*, 60	26*	59～138	7.36～24.5	6.25～40	40～240*
水酸化ナトリウム	600	70	100	100		25	
水酸化カリウム	600		28.6	140		50	
シアン化カリウム	5	60, 40*	0.5～0.8*	0.1～0.3	0.15～10		65
塩化ナトリウム	10 000	500～10 000	1～5	11 765	4 720～20 000	30 000	
PCP-Na塩	1.0	0.2～0.6	9 000			0.75*	0.75*
エチルアルコール	10 000						
γ-BHC	0.3			0.24*			
フェノール	400	5～20	14.2	51～333		5～10	94*

* 有毒濃度. ** 動かなくなる限界濃度.
ICは酢酸資化菌でのバイオアッセイによる.

4.6 水素イオン濃度で生育が変わる

　もともと地球上の物質は，酸性でもアルカリ性でもなく中性ですが，不思議なことに鉱山などには酸性の浸出水を出している地層が多く，他方で，地球上の水のほとんどを占めている海水は弱アルカリ性です．工業的には酸やアルカリが必要なため，中性である食塩や石灰石をエネルギーを使って分解，分離していますが，それを利用した関係施設の排水はどちらかに片寄りやすくなります．全体を混ぜて中性にするというわけにはいきません．

　酸，アルカリの強さの程度はpH（水素イオン濃度，対数目盛り7が中性，それより低いと酸性，高いとアルカリ性）で示しています．通常の雨水，河川水などは中性ですが，海水はpH約8.2です．これは炭酸ソーダ，重炭酸ソーダなどを高濃度に含んでいるためです（最近，地球温暖化で問題になっている大気中の炭酸ガス濃度は，海水中の炭酸濃度とも関係しています）．数十億年前に，酸性の硫化水素をエサにする最初の生物である細菌がアルカリ性の海水中に現れて以来，生物はpHに左右されてきたのです．

　自然の河川水や海水中には，炭酸，重炭酸，リン酸などが溶け込んでいますので，河川水ならpH7前後，海水ならpH8前後で安定しています．ここに少々の酸やアルカリが流れ込んでも，すぐにpHが変わることはありません．この性質を緩衝能とか緩衝作用（バッファーアクション）と呼んでいます．この性質があるために河川や海での微生物の働きはpHの影響を受けにくいのです．

　すでに知られている多くの微生物が，各種個別に，生育のための

最適pHをもつことが知られています．生育の最適温度の場合と同様に，それらの微生物のもっている酵素にも，生物化学反応の最適pHがありますが，それと微生物の生育のpHとは直接的関係はありません．通常，細菌や藻類はpH 7〜9のアルカリ側でよく生育し，原生動物は中性付近，酵母やかびはpH 3.5〜6.5の弱酸性で生育します．

他方で，酸やアルカリの強い環境でも耐えて生きている微生物がいます．pH 3以下，pH 9以上などの条件では生きている微生物の種類がわずかになり，それらを耐酸菌，耐アルカリ菌といいます．温泉や鉱脈の浸透水には低pHのものがありますが，それらが流入する河川も全国各地にあり，自浄作用が期待できないケースもあります．排水や廃棄物の微生物を使った処理で，そこの低pHが硫黄，窒素などの酸化物によっている場合は，前記の各種細菌（通常は耐酸性嫌気性菌）を利用することになります．

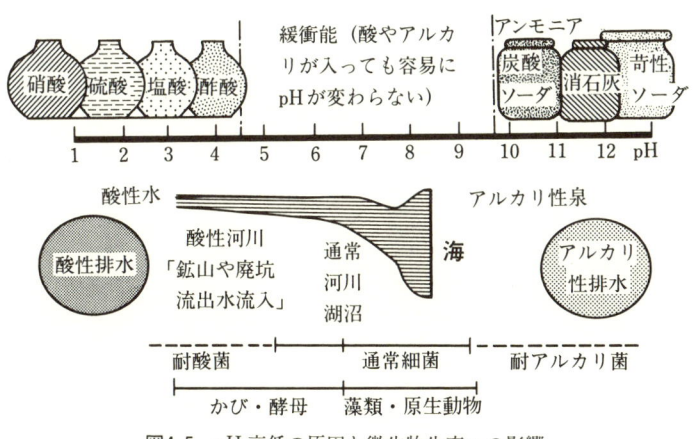

図4.5 pH高低の原因と微生物生育への影響

4.7 微生物の生育環境のコントロール

　発酵工業では，微生物の生育や働きの促進のために多少経費がかかっても，効率のよい特定種の微生物だけの純粋培養を行ったり（培養液の殺菌，空気の除菌など），純度の高い培養液を使ったり，温度，酸化還元電位，pHなどを調節したりしています．そのようなコントロールによって安定して能率よく価値の高い製品が生産できることになります．

　自然水域，排水処理施設，汚泥処理施設，埋立処分地，コンポスト化装置などで微生物を働かす場合は，設備，電力，人手などを使っていながら，利益を生むことは困難です．排ガス，排水，廃棄物のような環境汚染物を排出した者の責任（汚染者負担の原則，PPP）で，不経済であっても取り組まなければならないのです．

　住んでいる微生物の生育を促すことができれば，汚濁物質を速く分解できたり，小さい施設やスペースで目的が果せたりします．微生物フローラを使う環境対策では，通常，水，廃棄物などに含まれている物質をエサにして培養しようとするものですから，栄養条件を変えることはできません．しかし，著者も経験しましたが，精糖工場排水のように，BODだけは高くても，窒素，リンなどが非常に少なくて，3.2で検討したような栄養のバランスがとれていない場合は，購入した肥料を添加しなければならないこともあります．それらはやむをえない特例です．

　微生物フローラを使う場合の促進策として経済的に採用できるのは，一部の環境条件だけです．温度，酸化還元電位，pHなどの調節，

有害物質の排除などの環境条件以外に,光線照射,加圧,減圧などの微生物に対する影響も調べられています.前述の葉緑素をもっている微生物や,一部の硫黄細菌は,太陽エネルギーを利用して生育や増殖のエネルギーを得ています.

かつて,著者ら(石井隆一郎,赤木盛郎両先生と共同)が研究した赤かび(学名 *Neurospora sitophira*,不完全菌の一種)は可視光線をあてると,カロチン(ビタミンAに変化する色素,プロビタミンA)の多い胞子をつくりました.しかし,生育の促進には光線はあまり役立ちません.加圧に強い細菌も知られていますが,通常はそれが生育を促進することにはなりません.深層ばっ気法という10〜30mの深さで循環してばっ気する技術がありますが,そこに生息している微生物の細胞は,加圧と減圧が繰り返されることになるために,分解が促進されると考えている人もいますが,実証されていません.

通常の環境改善では,汚染源の有機物を炭酸ガスと水にしたり,せいぜい燃料としてのメタンや,土壌改良材としてのコンポストが得られるだけですので,環境改善のために大きい経費(設備費,運転費)をかけることは非現実的です.ただ,メタン発酵の場合は,燃料になるメタンガスがその処理で発生しますので,冬にはそれを使って発酵槽を保温することが多く,それも特例であるといえます.それらの条件の中で,比較的少ない経費で効果があがりやすいものは,4.2で検討した排水処理,河川や湖沼の浄化,コンポスト化,埋立処分などでの,ばっ気による酸化還元電位の向上です.

その具体的な方法や装置については後で検討しますが,環境問題への実用的な微生物利用の技術は,微生物の生育環境を経済的にコントロールすることであるといえます.

環境条件

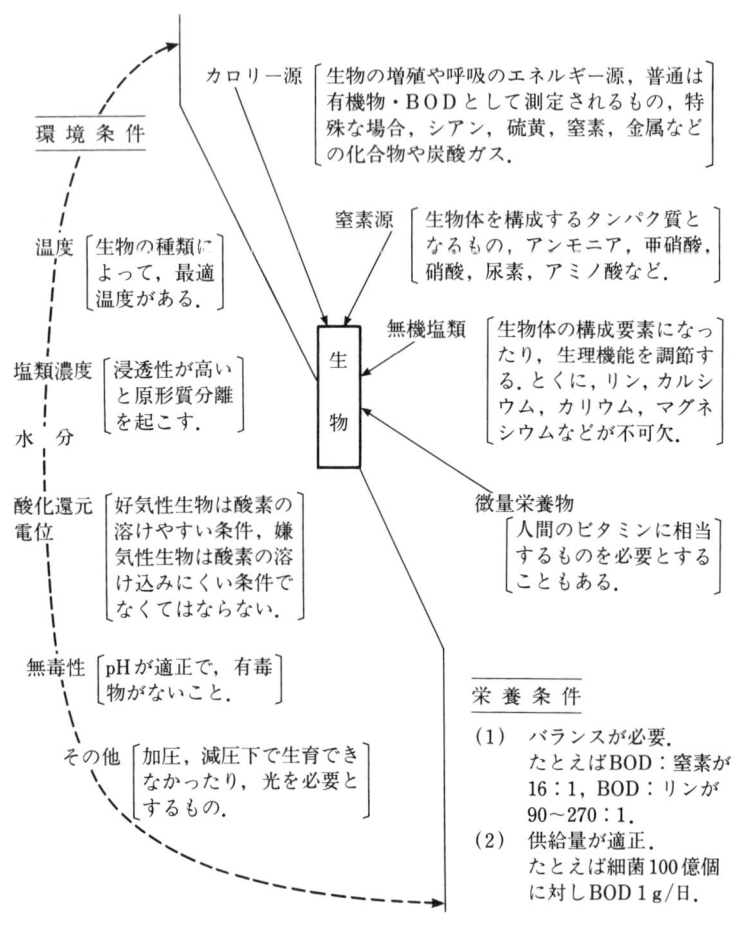

- 温度 [生物の種類によって，最適温度がある．]
- 塩類濃度 [浸透性が高いと原形質分離を起こす．]
- 水分
- 酸化還元電位 [好気性生物は酸素の溶けやすい条件，嫌気性生物は酸素の溶け込みにくい条件でなくてはならない．]
- 無毒性 [pHが適正で，有毒物がないこと．]
- その他 [加圧，減圧下で生育できなかったり，光を必要とするもの．]

カロリー源 [生物の増殖や呼吸のエネルギー源，普通は有機物・BODとして測定されるもの，特殊な場合，シアン，硫黄，窒素，金属などの化合物や炭酸ガス．]

窒素源 [生物体を構成するタンパク質となるもの，アンモニア，亜硝酸，硝酸，尿素，アミノ酸など．]

無機塩類 [生物体の構成要素になったり，生理機能を調節する．とくに，リン，カルシウム，カリウム，マグネシウムなどが不可欠．]

生物

微量栄養物 [人間のビタミンに相当するものを必要とすることもある．]

栄養条件

(1) バランスが必要．
たとえばBOD：窒素が16：1，BOD：リンが90〜270：1．
(2) 供給量が適正．
たとえば細菌100億個に対しBOD 1 g/日．

図4.6 微生物フローラの生育条件

5. 微生物のふえ方と生き方

5.1 微生物フローラの一生

どんな生物でも，誕生→生育→増殖→代謝→老衰→死滅などの順を経て生きています．純粋分離した微生物も，自然界での微生物フローラも，同じような一生を送ることになります．

栄養バランスのよい培養基に，微生物の種（スタム）を入れて，快適な好気的条件に保ちますと，最初の数十分か数時間は，条件が変わったためと増殖の準備をするために，多少細胞が大きくなるだけですが（遅退期-幼児期），つぎには非常に速く分裂したり増殖したりします．その期間や増殖量ははじめにあったエサの量によって違いますが，スピードは倍，倍，倍と対数的になります（対数増殖期-青壮年期）．

通常の条件では1～4日で培養基のカロリーが減って増殖の速度が遅くなります（減衰増殖期-中年期）．ついで細胞増殖は頭打ちになります（定常期-女性の閉経期）．それまでに溜め込んだ栄養物を呼吸による酸化分解で消費して生き続け，大量の炭酸ガスを排出します（内生呼吸期-熟年期）．

その後，純粋培養では比較的速く増殖した細胞が死滅し，分解減少しますが，微生物フローラでは，死滅した細胞を別の微生物がエサにするなどして，徐々にしか減少しません（死滅期-老年期）．

好気性微生物は，そのように一定の栄養を与え，「バッチ方式」という同じ培養基の中で生育から死滅までさせる培養方法（連続方式というものがある―後述）ですと，細胞物質を蓄積して，太ったり，増殖したりする段階があって，生物量が最大になった頃から，呼吸

による減少，死滅による減少と段階を経ていきます．初期の段階で，培養基のカロリー源にあたる排水や廃棄物の BOD, COD, 有機性物質などが減少しても，細胞物質に変化することが中心で，除去されたことにならず，つぎの内生呼吸で，分解，気化させなければなりません．その初期段階で排水に溶けている物質が細胞物質になって，汚泥として分離できるようになると，一見処理できたようにみられやすいのですが，大量の汚泥処理に困ることが多いのです．5.7で検討したように，汚泥がふえると，脱水，処理，処分などが大変になります．小さい施設で能率よく処理できると宣伝するプラントには，そのような単なる汚泥転換器のようなものがあります．

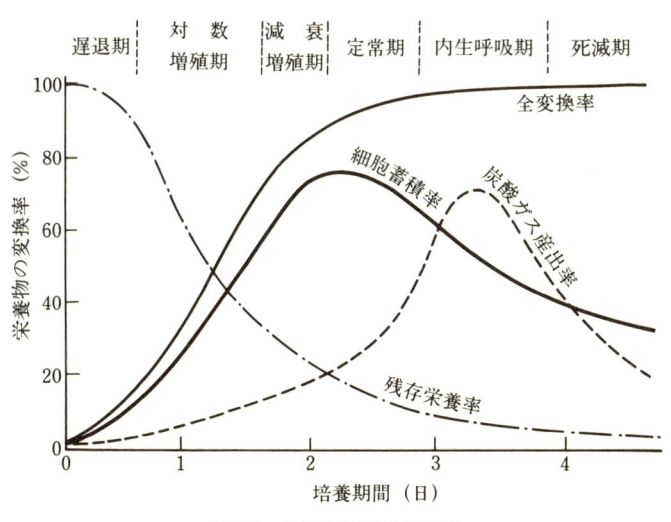

図5.1 微生物の増殖と死滅

5.2 土は微生物の種の供給源

　微生物は海の底から生まれたといわれています．現在，河川，湖沼，下水などの生活排水，糞尿を除く廃棄物などの中で生きている微生物のほとんどは，土壌に由来しているとみられています．2.1でもお話ししたように，通常の土壌は栄養が乏しいためにハングリーな状態ですが，それでも，土1g当り各種細菌が1000万前後，放線菌が100万前後，かび類が20万前後，藻類が5万前後います．それらが雨水に浮遊して自然水域に入ったり，農作物などにくっついて人の社会にもち込まれます．そして，それが種になって，3.1の適者生存，弱肉強食で，特定の条件ごとに特定の種の多い（優占種）微生物フローラを形づくるのです．

　山林の土は，別に肥料が与えられなくても，落葉や下草の有機物を微生物分解し，発生した炭酸ガスで樹木や草が同化作用を営み，根に肥料成分を供給しています．土に供給された低分子の有機物はたちまち分解されますが，天然の難分解性物質（リグニン，フミン酸，フタル酸など）はゆっくりと分解します．土の粒子間の空隙は，雨水などで詰まりやすいのですが，有機物の分解で発生したガスや，その微生物をエサにするミミズなどの働きで保たれています．その空隙が多いと，植物の根が呼吸しやすくなったり，しっかり大地や畑に固定しやすくなったり，耕しやすくなります．土が土壌微生物の住み家になることによって，植物が生育するのです．

　豆科植物の根に寄生する根瘤菌やアゾトバクターと呼ばれる細菌は，空気中の窒素を固定して，植物の栄養として供給します．畑の

土や，水田の表面約 50 cm（表土，酸化層）には，好気性菌や藻類や原生動物がいます．それに尿素や硫酸アンモニウムなどの窒素肥料が施されたり，コンポストなどが与えられますと，土の粒子がアンモニアの形で吸着し，徐々に作物の根に吸収されるとともに，亜硝酸菌で亜硝酸に，硝酸菌で硝酸に酸化されます．表土の下には空気の供給されにくい還元層があります．硝酸は土に吸着されないので，雨水や水田の水に溶けて還元層に浸透し，そこにいる硝酸還元菌が硝酸を還元して窒素ガスにします．3.5で説明した水域での窒素の変化と同じです．硫黄や鉄などを酸化したり，還元したりする微生物も土中にいます．

6章で解説する水処理の微生物フローラも，もとはすべて土壌微生物で，その装置は処理効率を上げるために，微生物の中で処理に役立つような種類のものを，濃厚に培養するようにしたものです．活性汚泥や生物膜は，それらの微生物を濃縮したものです．

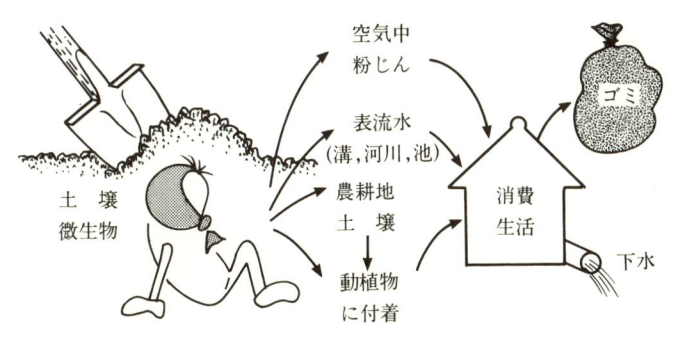

図5.2 土中に隠れていた微生物が出てくる

5.3 微生物のセックスと増殖

　長いミミズを切って数匹にしても,同じように生きています.高等植物でも,子宝草のように,花粉による交配なしで増殖するものがあります.微生物の多くは細胞分裂で同じDNAができて,それぞれ同じ特性をもった一人前の生き物になります.オスとメスとの交配で,両者の遺伝子をもった子供の生物ができる普通の増殖方法(有性生殖)と,交配なしでの増殖方法(無性生殖)とがあります.

　最近,人に都合のよい特性をもった農作物や家畜の遺伝子をそのまま大量に伝えるために,トウモロコシ,大豆,羊,牛などでは,遺伝子操作でクローン生物をつくるようになってきています.

　雑種というのは,特性や能力の違ったオスとメスが,セックスによって,両者のDNAの混ざった生物になることで,通常,その子供は親より優れた生物になる可能性を秘めています(雑種強勢).家畜や農作物では,それぞれ優れた特性をもっている同種の生物をかけ合わせて品種改良をします(F・1という).反面,無性生殖やクローンを続けていると,種の存続が危うくなるといいます.優性な遺伝子をもった種をかけ合わせますと,より優れた種になる可能性はありますが,同時に劣性の遺伝子や都合の悪い特性の遺伝子をかけ合わせた種も生成します.後者が残って悪影響がでないように,生物的に淘汰されています.

　繊毛虫の一種(*Paramecium*)は互いに接合して,オス,メスであることを確かめてから,核のDNAを交換して子孫をつくります.酵母は分裂で無性生殖しているとみられますが,そのDNAは線状に

つながってできており，末端のセロメアという部分の長さや特性が多少違い，その違った酵母が接合して，雑種の子供をつくります．

大腸菌はDNAが2本のリング状で，末端がなく，分裂して同じDNAの子供をつくるとされていました．その大腸菌も，オスはF因子というものと短い毛をもっていて，それをもっていないメスとがセックスして増殖していることがわかってきました．

かびは菌糸がふえて無性生殖するとともに，胞子をつくって有性生殖もします．日本酒，味噌，醬油などの醸造に使う麹 (*Aspergillus* 属のかび) は，菌糸の分裂だけでふやしていますと，酵素の生成などの機能が低下してくるといわれています．

ウイルスは条件がよいと，コピーするようにDNAをつくる無性の増殖をする生物ですが，コピーにときどきミスが出て，ミスコピーが有性生殖でできた雑種のDNAに似た働きをしているといわれています．

図5.3　生物のふえ方の分類

5.4 微生物フローラの中味を診断する

　公共水域や水処理施設に住んでいる微生物の調査は，陸水学，海水学，水処理生物学などの分野で行われてきましたが，いろいろな藻類や原生動物が観察できて，趣味としても楽しいものです．海，湖沼，河川などのプランクトンは，普通の光学顕微鏡で容易にみえますが，細菌やウイルスは高倍率の顕微鏡や電子顕微鏡を使うか，寒天やゼラチンで固めた固形培養基にまいて培養し，コロニーの数を数えたり種類を調べることになり，簡単ではありません（凝集しているので分散させる必要もあります）．自然の水域では水質汚濁の程度によって住んでいる魚介類も違いますが，微生物は強腐水性生物，α-中腐水性生物，β-中腐水性生物，貧腐水性生物に分類されています．プランクトンは比較的簡単に調査できますので，古くから水質の診断に使われてきました．

　通常なら，BODの高い排水で水質汚濁を起こしますと，細菌が急速に増殖して対数増殖期の若い細菌が多くなりますが，藻類や原生動物はほとんど見当りません（強腐水性）．細菌の増殖が終り，内生呼吸期に相当する段階になって，発生する炭酸ガスを同化する藻類が大量発生するようになりますが，原生動物は数種類生育するだけです（α-中腐水性）．それよりきれいなβ-中腐水性では，藻類とともに原生動物も多様化し，顕微鏡下でその種類が数え切れなくなることもあります．さらに，その果ての死滅期には，藻類が減って，典型的な繊毛虫や鞭毛虫がみられます（貧腐水性）．

　それは河川の汚濁程度と生物相との関係ですが，海水でも汚濁程

度で海洋性生物の様子が変わってきます．下水などの処理施設中で生育する微生物フローラについては6.7で検討します．土壌微生物も有機物質の含有量や深さでその種類が変わり，とくに果樹園の表土などでは酵母やかびが多くなります．水や土の微生物を観察することで，逆に汚染の特性や程度を類推できます．鉄細菌，硫黄細菌などを検出して汚染特性を知ることがあります．

表5.1 水質汚濁の程度とそこに生育する生物（淡水域）

項　目	強腐水性生物	α-中腐水性生物	β-中腐水性生物	貧腐水性生物
外　観	汚濁がひどく，気泡・臭気発生	濁っており，やや臭い	やや濁っている	無色透明
溶存酸素 BOD	0〜0.2 30 mg/l 以上	0.2〜3 10〜30 mg/l	3〜6 1〜10 mg/l	6以上 1 mg/l 以下
各種細菌	一部に嫌気性細菌，10万個/ml 以上	1 000〜10万個/ml（一部に通性嫌気性菌）	100〜10万個/ml 好気性菌	100/ml 以下 好気性菌
藻　類	藻類は生息していない	珪藻，緑藻，接合藻類が大量生育	同左，種類が多様化する	石に付着するもの以外は少ない
原生動物	アメーバ，輪虫などがわずか検出されるが，他はほとんどいない	左のほか，太陽虫，吸管虫類などがわずかに生育するが，他は少ない	左のほか，双鞭毛虫，淡水海綿，蘚苔動物，ヒドラなど多種が生育する	繊毛虫，鞭毛虫，その他が多数生育する
魚介類等	生育しない	コイ，フナ，ナマズ，貝類，甲殻類，昆虫の幼虫の一部	左の生物や両生類が多様，多数生息	各種の動物が多様，多数生息

5.4 微生物フローラの中味を診断する

5.5 微生物も種付けをしている

　自然の水域や山野には，適者生存の原則によってもともと多くの微生物が生息しており，エサと接触すると，5.3のように盛んに増殖することになりますので，農作物のように種をまいたり，苗を植えたりする必要はありません．

　谷川では，水が流れている間に，川底や岸辺の石や砂利に微生物が付着してヌルヌルした状態になり，それが水質浄化に役立っています．都市の水路のように，それをコンクリート壁や鋼矢板にしてしまいますと，浄化は進みにくくなります．粘性物質（ムチンなど）を生成する微生物がざらざらした粗面の石や砂の表面に付着するのです．そのため，河川や堀や海浜では，ばっ気の促進を兼ねて，人工的に石や砂利を敷くこともあります．

　微生物を利用して排水処理する活性汚泥法では，添加した汚泥中のフローラを排水の汚れをエサに増殖させた後，5.1で説明した増殖曲線の内生呼吸期を過ぎるまでばっ気して沈殿させ，上澄みを処理水として排出します．沈殿汚泥の大半を返送汚泥として処理前の排水に添加します．その汚泥には，やや腹を減らした微生物が大量にいますので，種付けの効果が大きく，生育の遅退などがなく，たちまち増殖し，速やかに排水処理が達成されます．また，種付けをコントロールして，もっと効率を上げる技術も開発されています．

　活性汚泥法が普及する前は，4〜8cmの大きさに割った石を魚焼き用の網のようなものか，孔あき板の上に0.6〜1.2m程度の厚さにのせて支え，石の間に空気が通る条件を保ちながら，上から排水

を細かい水滴にして散布する方法がとられてきました．それを散水ろ床法と呼んでいます．石の表面に細菌や原生動物が生育し，散布された排水中のBODを摂取したり，浮遊物質を吸着したりします．石が粗いので詰まることはほとんどありません．その石の代わりに，発泡ポリウレタンなどの円板を，排水を入れた半割りの円筒タンクに浸け，ゆっくり回転させて処理する回転円板法もあります．

　汚泥などをメタン発酵する場合や，家畜糞，動植物性残渣などでコンポストをつくる場合も，その処理でできた消化汚泥や，熟成堆肥を種として大量に返送添加すれば，微生物分解を速めたり，安定させるために有利です（コンポストの場合はあまり返送が多いと，発酵温度が上がりにくくなります）．排水，廃棄物の処理では，別に工業的に製造した種菌というものを販売しているケースもありますが，通常は，処理物に適切な種の微生物がたくさんいますので，その一部を加えればよいはずです．

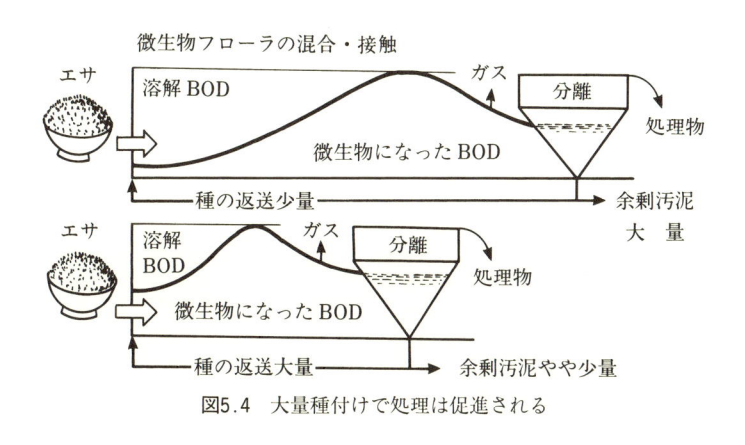

図5.4　大量種付けで処理は促進される

5.5　微生物も種付けをしている

5.6 若い微生物と老いた微生物

すでに5.1で，微生物フローラのバッチ方式での増殖，呼吸，死滅などの経過を解説しましたが，その対数増殖期や減衰増殖期の若い生物は，摂取したエサを体をつくるのに使うことが主体であるのに対し，定常期や内生呼吸期の中年，熟年の生物は溜めた有機物を炭酸ガスや水にする働きを中心にし，それを過ぎた老年期の生物は粘質物を出してどこかに付着しようとします．

実際的には，排水処理や汚泥処理もバッチ方式で行うことは少なく，効率を上げるために，エサにあたるものを連続して供給し，処理物を連続して排出することになります．人なら自らコントロールするでしょうが，一定数の生物に食べ切れないほどのエサを与えますと，生殖にいそしんでどんどんふえてしまい，その細胞は軽くて分散しやすい状態になります．一定の容量のタンクや，培養スペースに供給するエサ（BOD量）が多いと，その中は若い微生物ばかりになり，少ないと老齢の微生物ばかりになります（汚泥齢）．年寄りが主体では，エサを分解する効率は悪くなります．

微生物を利用する排水処理や廃棄物処理の装置を計画したり，設計したりする場合に，その負荷をどう決めるかが大切になります．たとえば，学校給食のご飯を各教室に運び込む場合，生徒は教室の大きさに応じて在籍していると考え，たとえば教室 $1m^2$ 当りでご飯を 0.3 kg 配給するような方式がとれます．排水処理施設では，タンクの一定容積に対してのエサの供給量を決めた「BOD容積負荷」という尺度を使っています．また，各教室にいる生徒の体重を積算し

て，たとえば体重 100 kg 当りにご飯を 2 kg 配給するような方法もあります．一定の微生物の生体量 (MLSS, ばっ気槽混合液中の汚泥濃度×タンクの容積) に対して与える BOD 量を算出して，「BOD 汚泥負荷」というものを求めます．活性汚泥法での標準の容積負荷は 1 m^3 当り 1 日約 0.6 kg，汚泥負荷は MLSS 1 kg 当り 1 日約 0.3 kg に決めています．

　排水の微生物処理の場合，効率を上げようとして高い負荷をかけますと，汚泥の凝集や沈殿分離が困難になったり，BOD や COD が十分分解できず，濁った処理水を排出することになります．一時，工場排水処理や，畜舎汚水処理などの場合，できるだけ小さい施設で，処理水の水質が規制値以下になればよいと考えたために，非常に高負荷で設計した施設がつくられました．しかし，5.1 で述べたように，BOD や COD を，水分の多い，脱水しにくい大量の汚泥に変えるだけで，その汚泥処理や処分まで含めますと，非常に不経済な投資であることがわかってきました．さらに，高い負荷では 6.7 で検討するように，沈殿濃縮しにくい生物相の汚泥が多くなって，バルキングを起こしやすくなります．したがって，微生物フローラを無理のない余裕ある条件で働かせることが望まれます．しかし，後述のように，きわめて低い負荷で活性汚泥処理をしますと，余剰汚泥を少なくできますが，大きいタンクと長時間ばっ気が必要になります．また，余裕をとりすぎた低負荷では，活性汚泥の凝集状態が悪くなり，解体という汚泥粒子が細かく分散して濁った状態になります．

　微生物処理でも，社会での人の年齢構成のように，いろいろな年齢層の微生物がバランスをとりながら，それぞれの得意な役割を果

せるような工夫が望まれます（適正な汚泥齢の選定）．経験的に決められた標準的な負荷は，タンクの中に微生物がバランスよく生育できる条件です．エサの与え方，種の汚泥の条件，タンクの構造などを工夫して，できるだけ高負荷にしたり，汚泥のふえ方を少なくする種々な技術が提唱されています．

排水処理で生成した汚泥，生産工程や家畜の飼育などで排出された汚泥，動植物性残渣，アルコール蒸留廃液などの嫌気性処理を高負荷で行いますと，メタン発酵せず，低分子化（可溶化）しか起こりません．その場合も，処理するものの特性と，処理条件に適した有機物容積負荷（発酵槽 $1m^3$ に1日に負荷する有機物質 kg）を検討して，その装置の設計をしなければなりません．連続してコンポスト化する装置で高負荷をかけますと，熟成の不十分な堆肥になって，それを農地に施した場合に作物の生育に被害を与えてしまいます．コンポスト化は，発酵日数（滞留日数）を十分とることが必要です．

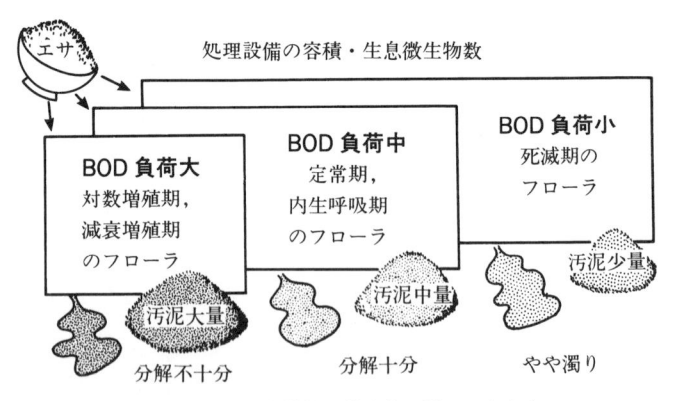

図5.5 適切な年齢層の微生物に働いてもらう

5.7 余剰汚泥が溜まってたまらない

　有機性の排水や廃棄物を処理するということは，その汚濁物質を無害なガスや水蒸気に変えて，空気中に排出したり，公共の水域に排出できるきれいな水にすること（減量化），残ったものは無機物質か，それ以上変化しにくい構造の天然有機物質にすること（安定化）です（有害物質を無害にする安全化も含む）．

　排水に微生物フローラの種を加えて増殖させた場合に，内生呼吸で生体が炭酸ガスや水になって減少しますが，5.6 で検討したように，もとの排水中に含まれていた生物分解しにくい浮遊物質とともに，生体の成分の一部も，容易には死滅，分解せずに余剰汚泥として残ります．増殖による生体量の増加を「同化」と呼び，内生呼吸や死滅による減少を「異化」と呼んでいます．浮遊物質をほとんど含んでいない排水の処理でも，内生呼吸がほぼ終った時点では，フローラに供給したエサ（BOD 量）の約 60% が異化されますが，約 40% は汚泥の形で残ります．

　実際の排水処理では，死滅期（生体が自己消化して減少する）になっても汚泥量がなかなか減少しないのです．余剰汚泥は，引き抜いて，嫌気性処理や，凝集，脱水，乾燥その他の処理をしなければならず，操作は非常に面倒です．少量なら一部をタンクローリーに積んで外部委託していますが，コストがかさみます．

　本来，微生物は増殖しながら並行して呼吸を行い，内生呼吸期を過ぎると，残った生体の成分がもっと速く，徹底して分解してもおかしくないと考えられます．特定の細菌を純粋培養した場合は，異

化はやや遅れるものの,残骸は少なくなります.筆者と伊藤尚雄は人工下水に活性汚泥を加えてばっ気する処理で,その汚泥の減量の困難理由を追究し,微生物フローラの呼吸を抑制する物質がその分解物中に生成していることを証明しました.その物質の成分を解明するまでにはいたっていませんが,分子量300前後の活性炭に吸着されやすい耐熱性物質です.

活性汚泥法では,BOD容積負荷を通常の方法の1/3以下にして長時間ばっ気する方式などを採用することもありますが,余剰汚泥の十分な減少は期待できません.濃厚な排水を希釈して活性汚泥処理する場合,筆者は前述の物質による呼吸抑制を緩和するために,昼間の5～8時間に濃い排水,他の時間は希釈水だけをばっ気槽に流入させる方法を開発し,処理効率を維持して,余剰汚泥を減らすことに成功しています.

5.5で検討しました散水ろ床や回転円板は,成熟した微生物が粘質物を分泌する特性を利用して,石やスレートや粗面のプラスチックなどの媒体に,微生物フローラを接触させ,膜状にそれらをくっつけて生育させたものです.それを「生物膜」といいます.生物膜法では表面には好気性生物,それの内面の媒体との間に嫌気性細菌を生育させることになります.汚れた排水は,その表面で空気にさらされながら好気性分解され,微生物は増殖しますが,その増殖した世代の微生物が酸化分解の役割に回り,親のフローラは膜の内面で酸素の供給を絶たれて,腐敗,液化します.その内面の生体の液化した有機物も,表面の微生物で炭酸ガスにまで分解させて,余剰分を減らそうとするものです.

生物膜がその目標どおりの動きをしてくれるのは結構なことです

が，実際は少なくはなっても，かなりの余剰汚泥が排出します．生物膜の内側での腐敗で，ガスが発生し，表面の生物も一緒に剥離したり，処理水を濁らせたりします．装置の構造によっては剥離した汚泥でつまることもあります．

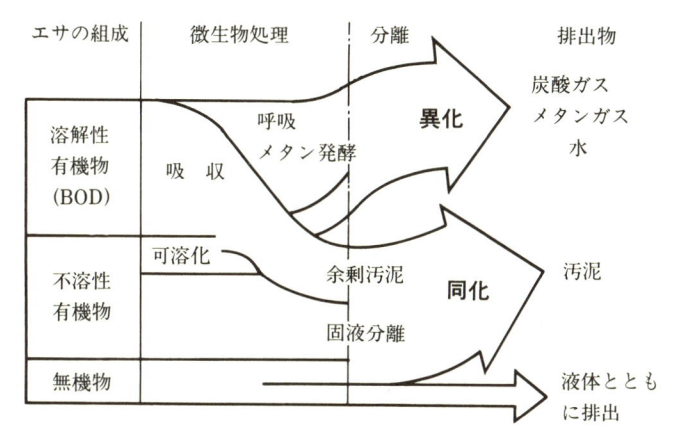

図5.6 処理しても大量の汚泥を出すことが多い

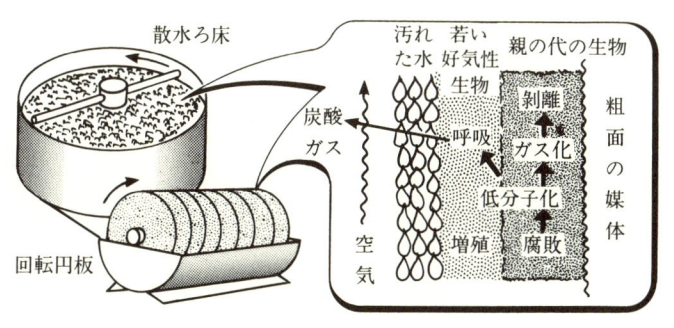

図5.7 生物膜での排水処理とメカニズム

5.7 余剰汚泥が溜まってたまらない

5.8 どうして微生物は雑居しているのか

　生物の世界には適者生存の原則がありますから,微生物は3章の栄養条件,4章の環境条件を最適にすると,それに応じた最適の種類のものだけになっても不思議ではないはずです.実際に前述のように,水の華が優勢になったり,阿寒湖にマリモができたりしますが,自然環境では,何かが多いという優占種がいることがあっても,通常は微生物フローラにみられるように,きわめていろいろな種類が雑居しています.固形培養基で細菌だけを培養してコロニーをつくらせても,いろいろな色や形のものが混在します.

　つぎに,どうして自然環境では微生物フローラが雑居状態になるのかを検討してみましょう.

① 水域や処理施設に供給される汚濁物質の種類は,周辺環境,生活様式,産業活動によって変わりますが,それを受けて育つ微生物も変わることになります.汚濁源がいろいろな物質の混合状態なら,フローラの中の種々の微生物が同時に働いたり,分解の容易な成分に対応する微生物が優先したりします.

② エサが違うと優占種が変わりますが,分子の大きいカロリー源やタンパク質がエサになる場合は,それらが最終の炭酸ガス,メタン,水などになる間に,数種以上の微生物が数段階の分解を引き継いでいることが多いのです.藻類は,その間に炭酸ガスの生成が多いと,繁殖してフローラの一部を占めます.

③ エサが分解されてできるアルデヒドなどの有害物質が一部の微生物を殺します.

④ 細菌や藻類が繁殖すると，それを捕食する原生動物も混在するようになります．
⑤ いろいろな病原菌に人や動物が罹患するように，自然界の微生物のある種のものが分泌する毒素（菌体外毒素）が，他の種を殺すこともあります（拮抗作用）．毒素は通常はタンパク質の一種ですが，抗生物質の一部もそれに該当します．
⑥ 増殖した微生物が死んで細胞が自己消化するときに浸出してくる弱い毒素（菌体内毒素）が⑤と同様に他の種を殺すこともあります（一部の抗生物質）．
⑦ ③⑤⑥などの微生物相互の有害物質に対して，強い種と弱い種がいます．細菌にも細胞膜の外に細胞壁という障壁があるグラム陰性菌（グラム染色で染まらない）と，その壁のないグラム陽性菌がいて，条件によって多様化します．
⑧ 悪条件で死滅する種と，胞子や耐久細胞になる種がいます．

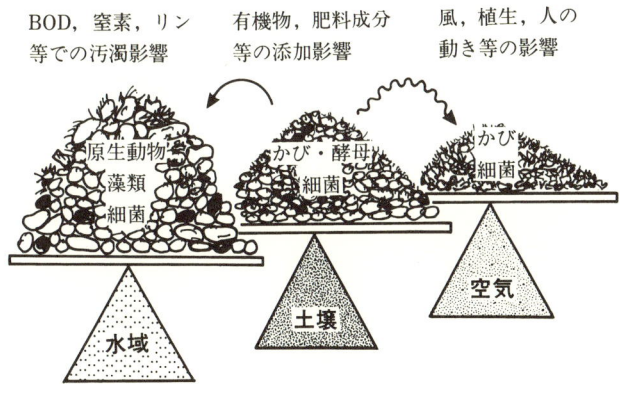

図5.8 いろいろな微生物がバランスをとって棲んでいます

6. 微生物を使った水処理技術

6.1 水処理の技術や設備ができたわけ

 人は水なしでは生きられませんが,どこにでもきれいな水源があったり,使った排水を流せる水路があるわけではありません.日本は水に恵まれていて,100年ほど前まではほとんど問題にならなかったのですが,欧米では,古くから,みかけはきれいでも硬度の高い水しかなかったり,生活排水や家畜の糞尿で汚れた水が河川に流れて汚濁する問題が起こったりしました.そのため,水が原因とみられる伝染病が大流行したのです.

 ヨーロッパでは,地域住民が話し合って,自分たちのコミュニティー(地域社会)を守るために,給水の水質管理や,生活排水の処理まで行ってきたのです.生活環境から排水を排除するための排水溝は紀元前のエジプト,ギリシャ,ローマなどの遺跡でも発見され,排水処理についても,試行錯誤が繰り返されてきました.

 昔から,汚れた水をきれいにするために2種類の取組みが行われてきました.第一は,水を池やタンクに溜めて沈殿させて,上澄みを分離する方法,第二は,細かい砂の層を設けて,水中の浮遊物をこし分ける方法です.第一の方法は砂や粘土のような無機性の濁りの除去には有効で,凝集剤を加えて水中汚濁物質を凝集分離する方法にも発展しました.しかし,物理的・化学的に処理しますと,薬剤費やエネルギー費がかさんで経済的ではありませんし,水に溶けている汚濁物質を除去することは容易ではありません.そのために,基本的には,環境条件さえ整えれば働いてくれる微生物利用技術の方向に向かうようになったのです.

有機性汚濁排水も池に長時間溜めておくと微生物が自然発生し，排水の汚濁の低い場合は表面からの酸素の供給で好気性分解し，濃厚な場合は嫌気性消化でメタンや炭酸ガスが発生して，有機物質が減少することがわかりました．それらは，排水を単に戸外の池に溜めておくだけですから，処理といえるようなものではなかったのですが，1900年頃まで，欧米でそれぞれ好気性ラグーン，嫌気性ラグーンとして，経験的に効果があることを認めて，普及してきたのです．前者が発展して，酸化池法，高率酸化池法，活性汚泥法などに，後者が2階タンク(インホフタンク，トラピス槽)，嫌気性消化法(メタン発酵)などになりました．

　第二の砂層を使ってこす方法のほうは，機械的または物理的に浮遊物質を分離する技術と，微生物の分解作用を併用してこし分ける技術とに分かれました．前者は6.2で解説する飲料水や工業用水をつくるための急速ろ過法などの技術になり，砂ろ過から，さらにろ布，膜(ミリポアフィルタ，電気透析法，逆浸透圧法など)を使う技術に発展しています．後者の微生物の併用法は緩速砂ろ過法として，用水の浄水施設に広く採用されてきました．排水処理では間欠砂ろ過法(2面の砂ろ過槽を設けて，1面でろ過し，他面は浮遊物を除く．すぐに閉塞するためにメンテナンスが大変で普及せず)から，散水ろ床法，回転円板法，接触砂ろ過法(高度処理)などへ発展しました．それらは5.7で説明した生物膜を利用する技術です．

　その他に，排水を畑の畝の間の溝に流入させて，灌水とろ過とを兼ねた処理(灌漑法)をしていたケースもあります(降雨時は処理できない)．

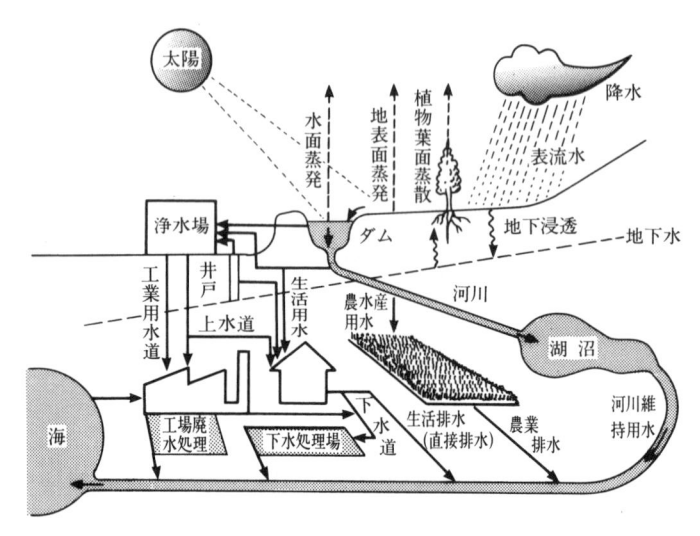

図6.1　水の形態変化と循環

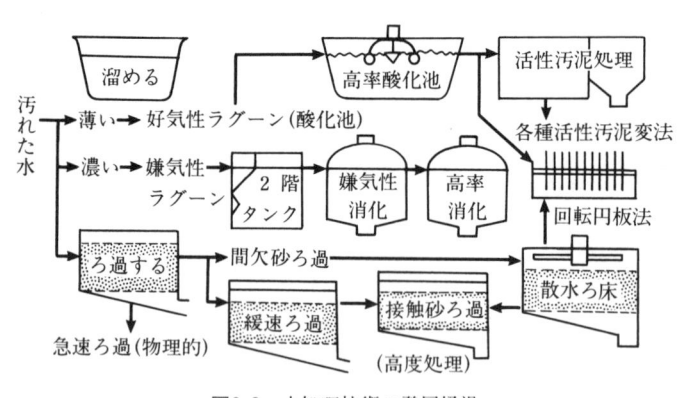

図6.2　水処理技術の発展経過

6.2 微生物を使って水道水をつくる

　きれいな河川水や地下水が大量にとれるところでは，単にポンプで汲み上げて消毒するだけで，水道水として給水できます．粘土粒子などで少し濁っている程度の原水を水道水にする場合は，通常，硫酸バン土などを加えて凝集させ，凝集汚泥を沈殿分離し，上澄みを急速ろ過し，消毒して給水します．

　急速ろ過法は，径 0.5〜1.5 mm の砂またはアンスラサイドを 0.5〜1.5 m 充塡したろ過層に処理すべき水を送り，その層を 6 m/日以上の線速度（一方方向の速度）でろ過する方法です．この方法は単に物理的にこし分けているだけです．しかし，近年では水源になる河川や湖沼などの汚濁が進み，水道水の原水にすることをあきらめなければならなくなったり，BOD で 3 mg/l に近い原水を使わなければならなくなってきています．急速ろ過の処理水では，臭いが十分とれていないという苦情が出るケースもふえてきています．水溶性汚濁物質は除去しにくいのです．

　緩速ろ過法は急速ろ過より古くから使われていましたが，広い用地が必要なために一時は廃れました．しかし，水質改善効果が高いので最近では見直されています．装置には径 0.3〜0.45 mm の砂を 0.7〜0.9 m 充塡したろ過層を使い，3〜6 m/日の線速度でろ過します．ろ過層に注水していますと，最初は比較的速くろ過できますが，冬 4〜6 週間，夏 2〜3 週間で所定の速度以下に低下してきます．原因は砂の表面に，細菌，珪藻類（藻類の約 90％），緑藻類（約 10％）が生物膜として付着するためです．

ろ過によって，原水の BOD や COD は低下し，細かい浮遊物質，鉄，アンモニアなどの物質が除去されます．種々の臭気成分も，7.7 で解説するように，微生物分解されます．原水中に溶解性鉄が多い場合も，ろ過砂に鉄細菌が繁殖してよく除去されます．しかし，原水が汚れているほど，増殖した微生物で砂の間隙がつまりやすく，ろ過しにくくなります．そのために，上から下向きのろ過層の砂の粒度を上ほど粗くして，全体に付着するまでに長期間かかるようにしたり，ろ過層の下から一時的に大量の水を送って砂を洗浄したりして（気泡でばっ気することもある），再生を図っています．はがした微生物は凝集，脱水して浄水場汚泥になります（逆洗）．

　原水に多少の浮遊物質が含まれていても，砂による物理的なろ過と生成した微生物が分泌した粘質物への吸着とでよく除去されますが，それだけろ床の閉塞が早まって，逆洗の頻度が大きくなります．浄水場汚泥も増大します．鉄細菌を繁殖させて除鉄した場合は，鉄の濃度が高いほどろ床の閉塞が早く，赤褐色の水酸化鉄の多い汚泥が大量に排出されるようになります．

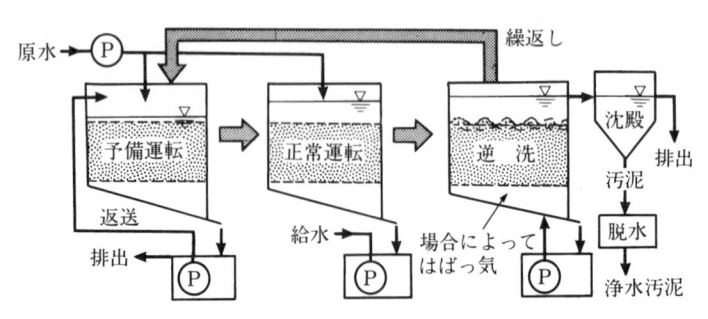

図6.3　緩速ろ過での運転サイクル

6.3 排水生物処理の効率を高めるシステム

　一般の化学反応は，通常，反応する相手と混合したり，加熱したり，加圧したりするとすぐに終り，それが困難な場合でも，触媒をみつけると速まります．微生物も一種の触媒（生体触媒）ですが，生物の増殖，酵素の分泌，栄養の吸収，分解などに時間がかかり，化学反応のようにはいきません．そのためすでに3～5章で，微生物フローラを利用する排水処理での，栄養条件，環境条件，微生物の生育段階をコントロールする効率向上方法を検討してきました．しかし実用的には，対象の排水の条件に合った処理装置や，運転方式を選ばなければなりません．一般的には，少量の排水は5.1で説明したようなバッチ方式，多量の排水は連続方式で処理することになります．下水や工場排水の処理には活性汚泥法がもっとも広く採用されています．その方式はさらにいろいろな方式に分類されますが，代表的な方式の特徴はつぎのとおりです．

(1) バッチ方式，フィル・アンド・ドロー方式

　ばっ気装置を備えたタンクに数分の1の容量の活性汚泥を入れておき，そこに処理する排水を一定水位までばっ気しながら送り込み（昼間）ます．そして数時間ばっ気後に，ばっ気を止めて活性汚泥を沈殿させ，タンクのゲートを徐々に下げて上澄みを排出します．沈殿汚泥を残し，ゲートを上げたばっ気槽に繰り返し排水を受け入れて処理します．ばっ気槽は，クッションタンク，好気性分解，沈殿，種汚泥添加などのいろいろな役割を兼ねることになります．日によって負荷が変動するような場合にも適しています．

(2) 押出し流れ方式

細長く連続したばっ気槽の一端から,連続して排水と返送汚泥を送り込み,他端からその混合液をあふれさせ,連続して沈殿分離して,上澄みを処理水として排出します.沈殿汚泥の大半は返送することになります.活性汚泥処理のもっとも一般的な方式です.ばっ気槽の各部で微生物フローラの若さが変わります.

(3) 段階混合方式

数段に区画のあるばっ気槽の1段目に(2)と同じように排水と返送汚泥を連続して送り,最終段から混合液をあふれさせて,同様に処理します.BOD負荷を一定に保ちますと,各段のばっ気槽に同化や異化の段階の違ったフローラが生育することになります.

(4) 完全混合方式

あまり細長くないばっ気槽(十分かきまぜる)に,同様に連続して排水と返送汚泥を送り,同様に処理します.(3)とは違って,ばっ気槽内の微生物フローラの若さは,BOD負荷に応じて,どこでも平均化されたものになります.

(5) 微生物固定方式

ばっ気槽内に表面積の大きい充填物を入れ(生物膜がつく),それに排水を連続して送り,あふれた排水を沈殿分離して処理します.充填物で槽内の酸素供給や混合が妨害されないように注意する必要がありますが,あまり激しく混合すると,充填物にフローラが付着,生育しにくくなるとみられます.

活性汚泥法では,以上のようなばっ気方式や,負荷程度だけではなく,排水の送入方法,種汚泥の返送方法など,種々な条件を変えて,効率を向上させようとする方式が提唱されています.その代表

的なものとして，ステップエアレーション（押出し流ればっ気槽の入口だけでなく，中間からも排水を送入する），バイオソープション（返送汚泥を長時間ばっ気して，高負荷のばっ気槽に返送する—接触安定化法）があります．

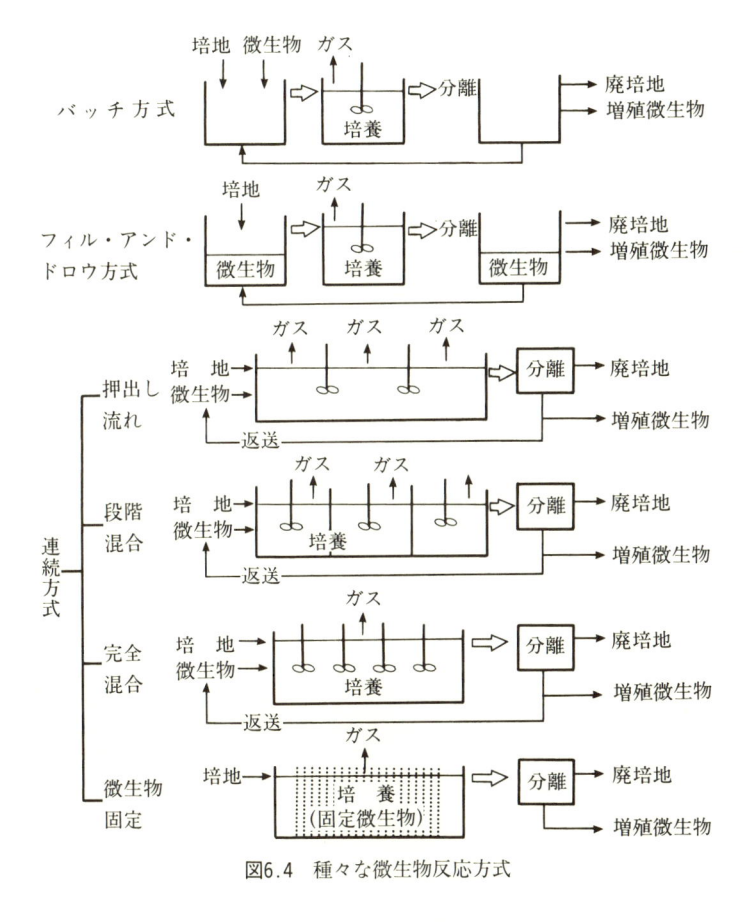

図6.4 種々の微生物反応方式

6.4 好気性微生物への酸素の送り方

 活性汚泥法などの効率を高めるために，前述のようにいろいろ工夫されていますが，3~5章で検討した処理速度を左右する条件（律速条件）の中で，機械的に対応できるのは，ばっ気槽などへの酸素の供給です．それはばっ気槽内の混合液に酸素を溶かし込んで，酸化還元電位または溶存酸素を適正に保つことです．実際の装置では，そのために高価な設備が必要になったり，多量の電力消費があっては困ります．また，好気的になればよいと激しくばっ気して，汚泥の混ざった混合液をミキサーにかけたように攪拌しますと，汚泥が細かく砕けて濁り，沈殿しにくくなります（過ばっ気）．

 酸素は静止した鏡のような水面からも溶け込みますが，それに細かい三角波を立てるだけで3倍以上の水表面積にでき，3倍溶け込むようになります．またばっ気法には，混合液を噴水のように空気中に水滴にして噴き上げたり，波立たせたりするばっ気方法（機械攪拌式）と，混合液のタンクにパイプで空気を気泡にして吹き込むばっ気方法（散気式）とがあります．ばっ気槽の一部に流速の遅い部分（50 cm/s以下）ができるようでは効率が悪くなります．

 オキシデーション・ディッチ（循環水路ばっ気槽）はループ状の円形や楕円形の浅い溝に混合液を満たし，ケスナーブラシというビン洗いのブラシ状のものを溝の水面の一部に渡して回転させたものです．波立ちと混合液の循環によってばっ気を行います．

 機械攪拌にはいろいろな攪拌装置が使われ，ばっ気槽に固定するものと，浮かべて係留するものとがあります．ばっ気槽混合液をあ

まり強く攪拌すると，汚泥をミキサーにかけたようになって，解体してしまいます．また，攪拌羽根を水中に浸けて攪拌すると解体が起こりやすく，水の抵抗で電力も消費しますので，混合液を空気中に水滴にして散らす工夫をした装置もあります．散気式では，低い圧力で，細かい気泡ができ，空気中の粉塵などで閉塞しにくくしたり，容易に掃除できるようにするために，種々なブロワー，散気管（散気板），散気方法が工夫されています．1 m 以上の水深で気泡をつくろうとすると，ルーツブロワーという電力を消費する機械が必要です．ターボブロワーという1 m 前後の浅い水位でばっ気して，広い水面を波立たせるようにした省エネ方式もあります．純酸素を施設にもち込んで，空気と混ぜてばっ気する方法もあります．

　いずれも，一定容積の低酸素の水をその装置でばっ気した際の溶存酸素の増加速度を測定して，再ばっ気係数（KLa）を求めて優劣を比べます．また，消費電力1 kW/h の酸素供給量（通常1～4 kg）で経済性を評価します．

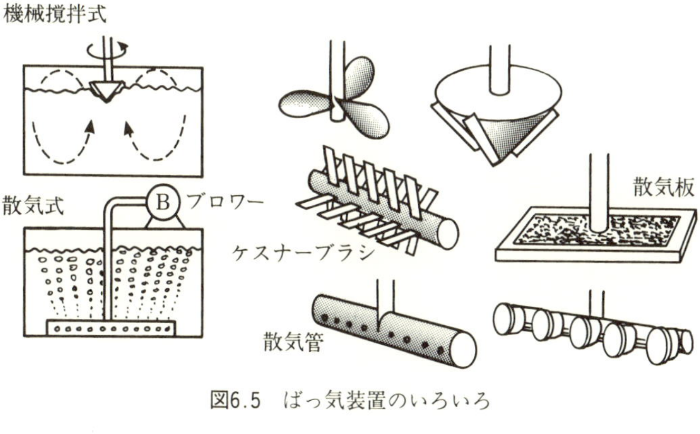

図6.5　ばっ気装置のいろいろ

6.5 脱窒素, 脱リンのための微生物処理

窒素やリンの多い排水を閉鎖性の自然水域に排出しますと, 3章で説明しましたように, 富栄養化が進み, 赤潮やアオコが発生するようになります. BODなどの高い有機性排水は微生物処理することができますが, 窒素やリンは微生物フローラで除去することは困難であると考えられてきました.

そのため, どうしても脱窒素や脱リンが必要な場合は, アンモニア性窒素を暖かい空気で強烈にばっ気して飛ばしてしまうとか, ゼオライトに吸着させるとか, リン酸をカルシウムや鉄の不溶性塩類にして固液分離するとか, 骨炭の表面にリンアパタイトとして不溶化するなどの, 物理的・化学的方法で対処しなければならなかったのです. しかし, それらの方法を大量の下水処理などに適用しますと, 大きな経済的負担になります.

窒素は自然水域の微生物フローラが起こしているアンモニア→亜硝酸→硝酸→窒素ガスという変化を, そのまま処理のために人為的に設けた池 (酸化池, 機械的にばっ気した場合は高率酸化池) で行えます. 池の水面から1m前後までは窒素の酸化が進み, それによって生じた硝酸を含んだ水と底泥とが接触しますと, 脱窒素 (窒素ガス化) が起こります. しかし, 汚泥との接触は池の水温が低下しないと起こらず, 確実性が低いのです. そこで, その変化を活性汚泥法などの排水処理施設の中でも行えるかが検討されました.

ばっ気槽混合液のBODが分解してしまっても, 長時間ばっ気を続けていますと窒素は硝酸にまで酸化されます. 混合液に少量のメ

タノールか腐敗し始めた汚泥を加え，沈殿しないようにゆっくり攪拌しますと，急に溶存酸素が減少して（酸化還元電位が下がる）脱窒素菌が活発になって，硝酸を窒素ガスに変え，空気中に排出します．その後で沈殿分離して，上澄みを処理水として排出し，沈殿汚泥を返送します．この過程を好気・嫌気処理（生物脱窒素）と呼んでいます．

　リンは活性汚泥処理でもばっ気後に汚泥を沈殿分離するだけで減少していることがあります．リン酸は好気的条件で，活性汚泥粒子に吸着されて，不溶性になる傾向があります．そのためには，ばっ気槽で活性汚泥混合液が高い酸化還元電位を保っていることと，沈殿分離の際も部分的に嫌気的にならないように注意しなければなりません．汚泥中のリン酸塩は，少し嫌気的な条件におかれますと，水に溶け出してきて，処理が不安定になります．嫌気性条件での溶出と，好気性条件での吸収ができるだけ進むように，装置の設計時に配慮して，確実に行う方法を生物脱リンといいます．生物脱窒素した後で生物脱リンを組み合わせることもできます．

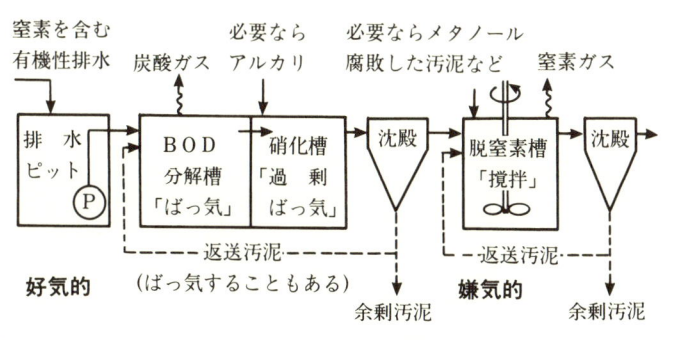

図6.6　微生物を使った排水の脱窒素処理方式の一例

6.6 微生物で排水を高度処理する方法

 都市が肥大化し，必要な給水量が増大して水源確保に困ったり，工場では，厳しい排水規制を受けるために高度処理が必要になったりしてきました．高度処理で水質が向上しますと，これまで購入してきた用水に近いものになり，その再利用によって経済的にも処理費を削減できます．

 上水道や工業水道が渇水時に水量確保しにくいような地域では，ビルや事業所の生活排水を，水洗便所や台所排水と，バス，洗面，洗車などの排水（雑排水）とに分け，後者を高度処理して，水洗便所や洗車の用水に使用することが実用化されています．また，アメリカやアフリカでは，下水処理施設の処理水に3次処理という高度処理を施し，水質的にシビアな条件の求められない用途に使用したり，全量リサイクルすることまで実施されています．そのために，透析膜，半透膜などでの膜分離や，化学的凝集処理，イオン交換法，活性炭吸着法などが開発されてきています．

 それらの方法は，経済的に大きい設備投資が必要になりやすいうえに，わずかに水に溶けた無機物や有機物の除去のために処理費や手間がかかりすぎます．そこで，高度処理にも微生物を使う方法が開発され，各地で実用化されてきています．通常，下水や工場排水の処理水はBODやCODが20 mg/l以下，浮遊物質が60 mg/l以下ですが，それを用水として利用できるようにするためには，すべて1 mg/l以下もしくは2 mg/l以下にすることが求められます．著者の経験では，物理的・化学的な高度処理では，目標値に達しても，

水に溶けた窒素，リンなどが十分除去できずに，水路などに藻類や，スケール（膜状の付着物）が発生しやすくなります．

　その水を 6.2 の浄水施設の緩速ろ過法と同じような砂ろ過（接触砂ろ過法）で処理しますと，有機性汚染物質はもちろん，窒素，リン，鉄，マンガン，硫黄などまで除去することができます．設備も比較的簡単で，各地のビルの雑排水リサイクルにも使われています．高度処理を採用しているビルは，給水配管を上水道と中水道（再利用水）とのダブルにしています．衛生に十分配慮して，中水道の水が飲食用に使われないようにしなければなりません．

　わずかな凝集剤を添加して接触砂ろ過することもできます．この方法では，ろ過層内に生物膜が生成してつまってしまいますが，ろ過層上部の水位を検知して，自動的に逆洗するシステムになっています．接触砂ろ過での設備は，比較的安定して運転できますが，6.2 の上水道の緩速ろ過と比べて，逆洗の頻度が大きくなります．ビルでの高度処理では，逆洗排水を下水道に排出していますが，排出ができない地域では逆洗排水の処理がやっかいです．

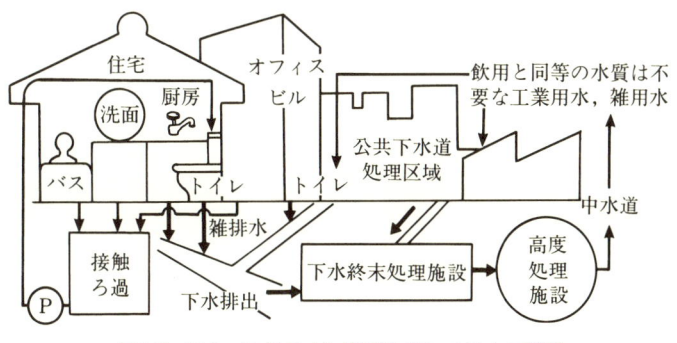

図6.7　下水（生活排水）高度処理システムの概要

6.6　微生物で排水を高度処理する方法

6.7 排水処理施設内の微生物を調べる

　活性汚泥処理施設や散水ろ床などでの排水処理がスムーズにいかないために困ることがあります．それには，BOD や COD などの除去が十分行われないとか，処理水に細かい浮遊物質が残るといった問題があります．とくに，活性汚泥処理では，最終沈殿槽で汚泥が膨れたような状態になって，上澄みと分離しにくくなるバルキング（膨化）というトラブルが起こりやすいのです．ばっ気槽混合液の浮遊物質（MLSS%）を測定するとともに，混合液をガラスのシリンダーに入れて 30 分静置した場合の沈殿汚泥の容積比（SV 30%）でバルキングの状況を調べます．SV/MLSS（汚泥容積指数）を算出して，それが 200 以上になるとバルキングを起こしていると判定します．微生物を使った処理ですから，これまでも施設内の微生物の状況（生物相）を調べて原因を診断しようとしてきましたが，それらの調査のほとんどは顕微鏡での原生動物中心の観察でした．

　バルキングの原因は，活性汚泥中にスフェロチルス（水綿菌）というトロロ昆布のような繊維状につながった細菌が増殖するために起こることが多く，その集団は普通の光学顕微鏡でもみつかります．スフェロチルスは，ばっ気槽のような激しい流速の場所や溶存酸素の比較的少ない場所でもよく増殖し，汚泥の中で水を吸った綿のように膨れて沈殿しにくくなります．この細菌は糖分を好みますので，排水量とその糖分を減らすことなどが望まれます（低負荷にする）．著者は精糖工場，製パン工場などで，濃厚な糖分を含む排水を出す工程を改善して解決しました．

有機物質の分解は直接的には細菌が行っていますので,各種の細菌を調べる必要がありますが,顕微鏡ではとらえにくく,培養したり,種類別に計数したりするには手間がかかり,データがとれても判定がつきにくいのです.生物相を明らかにすることは,何らかのトラブルが起こった場合に,その本質を明らかにし解決につなげやすいと思います.顕微鏡で調べて,スフェロチルスが少ないこと,ボルティセラなどの繊毛虫類がいることなどを確かめるべきです.

表6.1 排水処理施設の機能と生物相の調査例

施設の種類		散水ろ床				活性汚泥処理			
対象排水		豚舎汚水		生活排水		下 水		下 水	
		流入	排出	流入	排出	流入	排出	流入	排出
溶存酸素 (mg/l)		0.00	3.80	0.00	6.20	0.00	5.86	0.00	0.10
C O D (mg/l)		98.8	39.5	73.6	17.3	35.3	8.6	53.4	10.9
B O D (mg/l)		615.0	64.3	97.9	8.6	149.0	8.1	292.0	13.6
検 鏡 生 物		スフェロチルス,ズーグレラ,輪虫,ボルティセラ		ボルティセラ,パラメシュウム,オペクリァ,輪虫		ボルティセラ,パラメシュウム,アルセラ,コルヒデゥム		パラメシュウム,アルセラ,スフェロチルス,円虫類	
生物膜 (個/g)	一般細菌	$1\,500\times10^6$		160×10^6					
	酢酸資化	20×10^6		21×10^6					
混液 (個/g)	一般細菌					47×10^5		250×10^5	
	酢酸資化					$52\times10^{4*}$		$140\times10^{4*}$	

*酢酸資化菌の確認種 *Aerobacter aerogenes, Achromobacter superficialis, Alcaligenes faecalis, Pseudomonas arvilla*

7. 廃棄物と悪臭の微生物処理

7.1 廃棄物を微生物のエサにする

　人が都合のよい暮らしをするために家庭や社会に持ち込んだものには，使ってすぐに捨てるものや，何百年も使い続けるものがありますが，その一方，それまで主張してきた所有権を放棄したくなるものもあります．それが，排ガス，排水，廃棄物（移動させるのに，通常トラックなどを必要とする不用物）と呼ばれるものです．

　廃棄物には，有機性のものと無機性のもの，産業廃棄物（事業活動にともなって排出するもの）と一般廃棄物（ごみ）などの区別がありますが，水分が85％以上の液状または泥状のものと，それ以下の固形のものとに分類することもできます．排ガスや排水は処理して清浄な空気や水にすればよいのですが，その際に廃棄物を分離することになります．昔は廃棄物の排出量が少なく，有害物質や難分解性物質などの困った成分を含んだものも少なかったので，安易に低湿地などに埋立処分してきました．しかし，それでは環境を汚染するので，有機性廃棄物を焼却処理したり，コンポスト化することが奨められるようになりました．

　泥状廃棄物の代表的なものに下水汚泥がありますが，それらや食品工場などから排出される濃厚廃液は，古くからメタン発酵して，有機物をメタンや炭酸ガスなどの気体にして減らす技術が適用されてきました．その処理は7.2で解説します．汚泥の有機物を減少させるために，その貯槽を長時間ばっ気（4～20日）して，好気性微生物を飢餓状態にする好気性消化法というものもあります．糖分の多いパルプ工場（SPパルプ），食品工場などの濃厚廃液は，酵母の培

養液として利用してきた歴史もあります．

　通常，汚泥はそのままか，メタン発酵の後で脱水し，水分の少ない食品加工の廃棄物や家畜糞，ワラなどの農業廃棄物と一緒に処理したり，再利用されます．ごみと一緒に焼却することも多かったのですが，最近，900℃以下の燃焼でダイオキシンが排出しやすいことわかり，問題になっています．

　欧米の一般的な農家は，作物の栽培と家畜の飼育とを組み合わせた経営を行ってきましたので，家畜糞と敷きワラとを堆肥にして当然でした．肥料を施すシーズンはほぼ一定していて，毎日排泄される糞をその間堆積，発酵させていました．それと同じ技術がごみや下水汚泥にも適用されて，コンポストと呼ばれました．コンポスト化については7.4で解説します．一般的に，固形廃棄物はそのままか，焼却灰として埋立処分しますが，7.5，7.6のように，そこでも微生物の働きに頼っていることになります．

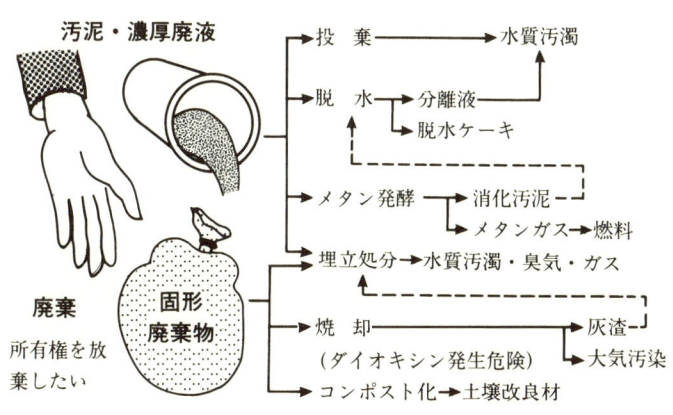

図7.1　廃棄物の排出と処理利用方法の概要

7.2 メタン発酵をコントロールする

　ヘドロというのは，池や堀の底に有機性の浮遊物が溜まって嫌気性分解を起こし，メタンガスや悪臭の強い硫化水素などが発生するようになったものをいいます．1960年頃から，静岡県の田子の浦が製紙排水で汚濁し，ヘドロが蓄積するようになって注目されました．それは自然界での汚泥のメタン発酵ですが，欧米では古くから下水汚泥を人為的にメタン発酵させて，汚泥中の有機物質を減少させる汚泥処理技術が実用化されてきました．それを嫌気性消化法とか，メタン発酵法と呼んでいます．

　好気性微生物を使う場合は6.4のようにエネルギーを使ってばっ気する必要がありますが，嫌気性菌を利用する場合は，汚泥や濃厚廃液を密閉タンクに貯えておくだけでよいことになります．しかし，嫌気性菌は，好気性菌と比べて増殖や分解作用などがスローモーションで，メタン菌の適温に保温しても，汚泥の有機物の1/2以上を分解するのに10～40日かかってしまいます．嫌気性菌は好気性菌の1/20程度の速度でしか分解しないとみられています．

　通常，汚泥と呼ばれるものは，不溶性の高分子有機物の繊維やリグニンなどが主体ですが，それをいろいろな嫌気性菌がバトンタッチして分解し，アルコールや酢酸などの低分子有機物にします．その段階を低分子化とか可溶化と呼び，多少条件が変わっても支障なく進行します．それがつぎにメタン菌によってガス化しますが，それを司っている細菌は条件ごとに特定の1～2種しか知られておらず，限定された種の条件にコントロールしないと，効率を上げるこ

とができません．前段階で生成した酢酸も 3 000 mg/l 以下に保たないとガス化が阻害されます．

　発酵槽はスカムという浮上した汚泥層の生成を防ぐために撹拌機を備えており，タンクは直列に2〜3槽並べることもあります．発生したメタンガスの多い消化ガスは，ガス中の硫化水素を除くための脱硫装置を経てガスホルダーに貯え，発酵槽の保温用熱源に使った余りをいろいろな用途（自動車燃料，ガスタービンなど）に用います．発酵後の消化汚泥は脱水（発酵前より脱水が容易）して，他の固形廃棄物と同様に処理し，分離液はもとの排水処理施設に返送します．

　メタン発酵を促進するために，種々な研究が行われ，実用化されてきました．アルコール蒸留廃液のように排出時に高温の廃液は，50〜55℃が適温の高温メタン菌を使い，通常の1/2以下の容積で発酵を終らせています．筆者は発酵槽に大量の消化汚泥を溜め込んで撹拌し，メタン菌との接触をよくする方法で，し尿のメタン発酵を4倍以上促進することに成功しました．

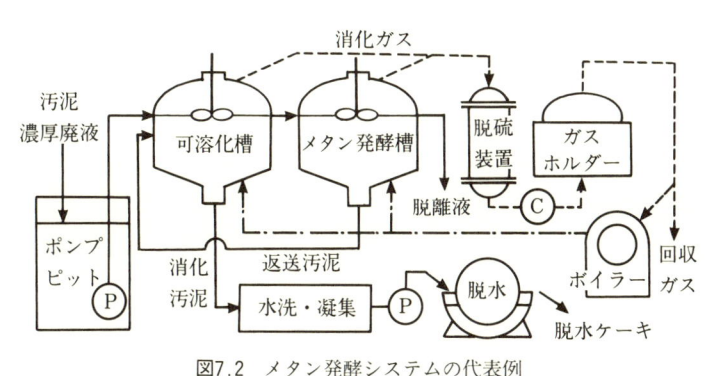

図7.2　メタン発酵システムの代表例

7.2　メタン発酵をコントロールする

7.3 有機性汚泥を飼料化できないか

　日本は，家畜や養鶏の飼料や養殖水産の餌料のほとんどを輸入に頼っており，肉，牛乳，卵，養殖魚介類は国内産であるといっても，輸入品が変形しただけではないかといわれています．食品加工の粕類（米ぬか，大豆粕などの油粕，屠畜残渣，水産加工残渣，麦芽粕，醬油粕など）は飼料として利用されてきましたが，量的にわずかなものが多く，経済的にも流通ラインに乗せにくいのです．さらに，飼料は主としてタンパク質の含有量で評価されますので，タンパク質の少ないものは安くしか取引きされません．

　排出量が多くて，飼料化ができると経済的に貢献できそうなものは，現在，処理・処分に困っている有機性汚泥です．すでに検討してきたように，排水や廃液として排出したBODで示される生物分解可能な有機物質を微生物の栄養にして排水処理し，その際の増量分が汚泥と呼ばれるものになったのです．

　筆者は各種の工場排水，畜舎排水，下水などの活性汚泥処理における余剰有機性汚泥の飼料成分やアミノ酸組成を分析し，乾燥物では粗タンパク質が20～60％含まれ，栄養として必要な必須アミノ酸がいずれもバランスよく含まれていること，また，豚などの嗜好性（好き嫌い）にも問題がないことを明らかにしてきました．しかし，その飼料化にはつぎのような障壁があって，現実的には実用化しにくいのです．

① 下水などに有害物質が混ざって，汚泥も汚染の危険がある．

② 排出直後に分離して飼料化の加工をしないと，腐敗が起こり

始める危険性がある．

③　従来どおりの低負荷で処理した余剰汚泥はカニやエビの殻のような固い殻を被った原生動物が多くなるために，タンパク質の消化率が低い（約40%）．

④　①〜③の問題点を改善しても，自家消費以外は現行の流通飼料としての認定が得にくい．

これらの難点を克服するため，BOD容積負荷 $2\,kg/m^3\cdot$日前後の高負荷で活性汚泥処理すること（余剰汚泥は多くてもよい），汚泥を無害な凝集剤を使って凝集濃縮し，60℃以上で加熱消毒すること，それに穀物などのエサを加えて，泥状で豚に与えることなどで実証しました．

また，SPパルプ廃液でのトルラ酵母の培養，その他の濃厚な有機性廃液で，クロレラ，紅色硫黄細菌（嫌気性）などを培養して飼料化する研究を行っている企業もあります．さらに，ぬか，ふすま，食品加工残渣，汚泥脱水ケーキなどを糸状菌やキノコ類の固形培養基として活用することも望まれます．

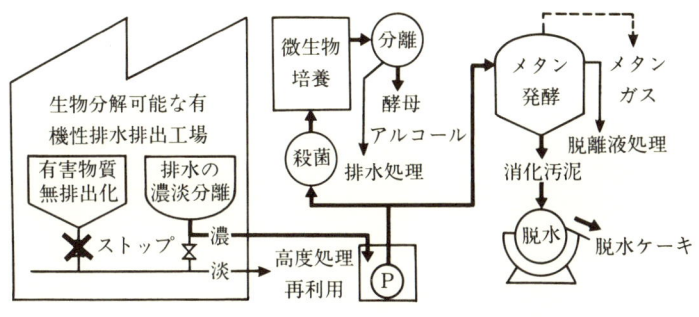

図7.3　有機性排水排出工場での廃液の有効利用

7.4 コンポスト化する理由と方法

　生活や生産に使う木材，紙製品，食料品，飼料などのほとんどが，もとは森林や耕作地などの人が管理しているエリアから収穫したものです．それらが変形した廃材，ゴミ，残渣，汚泥，糞尿などの廃棄物は，もとの土壌に返すことがきわめて合理的です．しかし，それらを排出したままの形や，砕いただけの形で畑や水田に埋め込みますと，有機物が土中で腐って，土の粒子間にあった酸素が消費され，植物の根が呼吸できなくなって枯れてしまいます．

　プラスチックや合成繊維のような微生物分解されにくい有機物以外は，その成分のほとんどが微生物の出した酵素で切断されて低分子になり，好気的条件ではしだいに炭酸ガスと水になります．その成分の中で，比較的分解しにくい腐植質（ヒューマス，フミン酸）が残りますが，それも長期的には分解しつくします．そこで，人手で有機性廃棄物を好気性分解して，土に返しても激しい酸素の消費が起こらない状態にしたものをコンポストといいます．

　汚泥，糞尿などは，粗大なものは粗く砕いて，そのまま既製のコンポストを混ぜるなどの方法で水分を 45〜65% に調整します．窒素の少ない材料を使うときは，尿素や硫酸アンモニウムなどの肥料を添加することもあります．そして，簡易にコンポスト化する場合は雨があたらない場所に高さ 0.7〜2 m に積み上げておき，内部（表面から 10〜30 cm）の温度が 55〜60 ℃ になったら，堆積層の上下を反転させます．それを切返しといい，規模や方式によって，専用の発酵槽の切返し装置，工事用のショベルローダ，人手などで行われま

す.

　地方自治体などが下水汚泥や台所ごみなどを大規模にコンポスト化する場合は，古くからさまざまな専用の発酵装置を設置してきました．発酵を自動化するために，セメントキルンのような回転円筒を使う方式や，幅の狭い深さ1～2mの長いコンクリート製のタンクに上下反転できる切返し装置を設置した方式などがその代表的なものです．

　低分子有機物を多く含む材料は発酵が速く，その主発酵は3～7日で終りますので，同様のスペースに20日以上，後発酵させて農地に搬出することができます．鋸くずなどの高分子有機物の多いものは発酵が遅く，使用可能になるまでに3～8か月はかかります．

　廃棄物の組成は，通常，窒素に対する炭素の比（C/N比）の高いものが多く，コンポスト化すると，それが14～18になって安定化します．原則として，微生物を補強するために特定の添加剤を使う必要はありません．

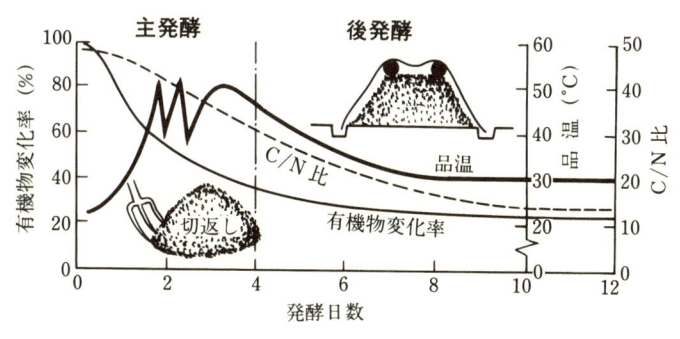

図7.4　コンポスト化での廃棄物の変化

7.5 廃棄物埋立処分でも微生物が活躍

前述のように,山林,農耕地,水域などから収穫したものを土に返すことは自然なことですので,生産や生活に利用した残骸も,池,海岸,谷間,低湿地などに埋立処分して当然であると考えてきました.都市ごみも,本格的に焼却するようになってから40年もたっておらず,それまではほとんどが埋立処分されていました.

しかし,有機物が大量に集中して投棄されますと,それらが嫌気性分解して酢酸などの低級脂肪酸になり,酢漬けと同じ状態を保って,後の分解が進行しにくくなります.前述のメタン発酵でも条件によっては同様になって,メタンガスの発生が止まることがあります.ローマ時代のごみ捨て場が酢漬けの状態で発掘されています.それがもっと長期間続きますと,石炭のような炭素の多い化石になる可能性があります.また,7.6で検討するように,現在では,いろいろな成分の廃棄物が多くなってきて,長期的な安全が保障しにくくなってきています.

通常の処分地は廃棄物を2〜3m埋めるたびに,0.5m以上の覆土を行うようにしていますが,雨が降れば著しく汚濁した浸出水が流出したり,地下に浸透したりします.有機物の多い廃棄物を埋めますと,硫化水素などの悪臭成分やメタンガスを含むガスが排出しますし,ハエ,ネズミなどが発生したり,カラスが住みついたりして,まるで環境汚染のデパートのようになってしまいます.速かな覆土によって悪影響は緩和されますが,覆土した埋立跡地でも,土の中にガスの溜まった層ができて,引火したり,植樹した樹木が枯

れたりすることがあります．

　廃棄物処理法という法律では，プラスチック，ゴム，金属，陶磁器，ガラス，コンクリートなどの残骸は，安定型処分地という凹地にそのまま埋めることを認めており，燃えがら，汚泥，木くず，紙くず，繊維くずなどはできるだけ焼却して，管理型処分地という底や側壁を不透水性にした凹地（粘土質か，ゴムやプラスチックのシートを張った場所）に埋めることになっています．その処分地からの浸出汚水は工場排水などと同等の処理をしなければなりません．有害物質を含む危険性の高い廃棄物は雨も入らないように密閉した遮断型処分地に処分します．

　処分地での有機物の分解を促すために，管理型処分地などでも，浸出水を底部に貯えておき，ポンプで短時間に排出して，表面から空気を吸い込むとか，底に孔あき配管を設けておいて，コンプレッサーで通気し，好気性分解を行わせようとする研究もあります．

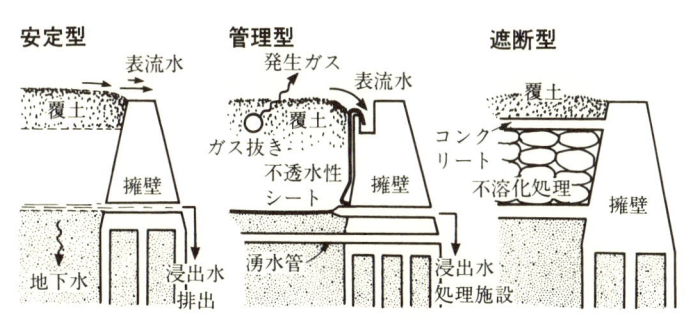

図7.5　廃棄物の各種埋立処分方法の概要

7.6 埋立処分を続けてよいのか

　人類は珍しいもの,便利なものを求めて,地下深くから宝石や非鉄金属を掘り出したり,化学的に合成したりしてきました.昔の生活環境からみて不自然なものが,生産工場や家庭のいたるところで使われ,産業廃棄物やごみとして,排出されるようになっています.

　3.3, 4.4, 4.5で解説したように,難分解性物質,有害物質といわれるものがたくさん使われています.とくに,塩化ビニルなど塩素を含む物質を燃やした際に発生しやすいダイオキシン(世界最強の毒物,発ガン性や催奇性があります)は,集塵ダストや燃え殻に大量に含まれる危険性があります.そのような廃棄物の質的変化が起こっているのに,従来どおり埋立処分をしてもよいのかどうかが問題になっています.また,埋立ての終った過去の処分地を,通常の土地として利用してよいかどうかも問題になっています.

　プラスチックなどの難分解性物質を含む廃棄物に関して,処分地での長期的変化の研究はありますが,地盤の不安定な状態が続く問題以外の実害は報告されていません.有機性有害物質については8章でも検討しますが,処分地の微生物への影響は十分研究されていません.

　銅,鉛,クロム,スズなどの非鉄金属は電化製品などの生産や廃棄によって排出されていますが,それらは遮断型処分地に埋め立てられていません.最近では,日本でも酸性雨が降ったり,跡地に生える草や木の根が根酸という酸性物質を出して,金属が溶け出す危険性があります.銅鉱山の廃坑に水を散水しますと,硫化銅の形で

残っていた硫黄を，硫黄酸化菌が硫酸にし，銅を硫酸銅として溶かして流出してきます．その流出水をアルミや鉄のくずと接触させて還元しますと，その表面に金属銅が析出して回収できるようになります．それをバクテリア・リーチングと呼んで，企業的に実施されています．

埋立跡地の酸化分解が進みますと，その廃坑と同じような条件になって，有害金属を含んだ浸出水が排出してくる危険性があります．環境汚染の中でも，有害物質を含む排ガスによる大気汚染や同様の排水による水質汚濁は，希釈，拡散，移動で周辺に実害を及ぼさなくなりますが，有害物質を含む廃棄物の埋立処分や土壌汚染は未来永劫に危険性が続くとみなければなりません．

そのような事態を考えますと，これからは地表の土に近いもの，分解してその土に近くなるもの以外は，埋立処分を禁止する流通，消費の物流システムを実現しなければなりません．著者は1975年から現在まで，三重県の第三セクターで処分する産業廃棄物の事前審査（組成分析，溶出試験，物性調査等による）を担当し，汚染した跡地を残さないことに成功しています．

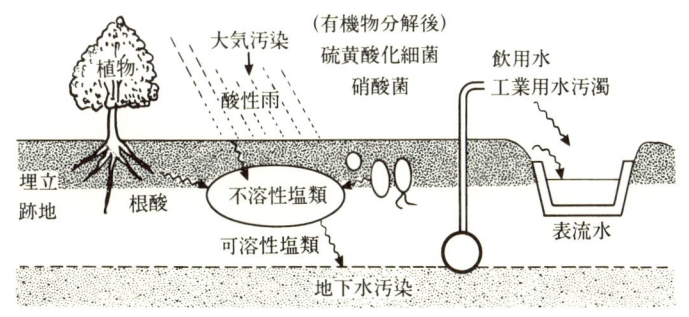

図7.6　廃棄物埋立跡地も安心できない

7.6　埋立処分を続けてよいのか

7.7 微生物フローラで脱臭する

　庭に穴を掘って，ごみを投入して放置すると，腐って悪臭が発生しますが，その上に掘って出てきた土を10 cm以上被せた場合は悪臭が感じられなくなります．それは土で密閉したためではなく，土の粒子の間をくぐって出てくる悪臭を，土壌微生物が酸化分解してしまうからです．

　第2次世界大戦中，ドイツで，素掘りの防空壕の中で悪臭が発生しにくいのは土壌微生物の働きではないかという研究がありました．1960年に，筆者は大阪の八尾市のし尿処理場で，悪臭を活性汚泥のばっ気用ブロワーの給気口につなぎ，ばっ気槽に吹き込むと，臭気が著しく緩和されることを経験し，1972年になって，福山丈二とその実証的研究をして効果のあることを証明しました．それは硫化水素，メチルメルカプタンなどの硫黄化合物，アミン系化合物，アルコール，有機酸などのほとんどの臭気成分に有効です．アンモニアも6.5の条件を加味すれば除去できます．

　散気式の活性汚泥ばっ気槽で脱臭する場合，1時間に混合液量の5～20倍の臭気を含む空気が処理できます（排水処理でのばっ気は通常1～2倍）．臭気を含む空気が細かい気泡になるようにし，ばっ気の水深が50 cm以上であれば大丈夫です．排水処理施設で水処理と脱臭とを同時に行いたい場合は，BODの分解が不十分なばっ気の前段階では脱臭が不完全になりやすいので，後段階のばっ気用の空気を送るブロワーで臭気を吸引してばっ気します．活性汚泥の微生物にとっては，臭気成分の物質よりも，BODで示される栄養物の

方が食べやすく, BODのある間は, まずい臭気成分を食べようとはしないのです. 機械攪拌式のばっ気槽を使う場合, その槽にふたをして, 水面の上を臭気が少しずつ流れるようにします. 最近では, 各地の下水処理施設などで汚泥脱水装置周辺の臭気をこの方法で脱臭しています.

空気が分散, 排出するようにしたダクトの上に, 40～60 cmの湿った畑の土の層をのせ, 臭気を送って脱臭する土壌脱臭法も各地で採用されています. 長期的には, 土の空隙が詰まってきて脱臭しにくくなりますので, その土を入れ替えたり, 耕したりする必要があります. 散水ろ床のような生物膜をつけた接触層, 完全に熟成したコンポストの堆積層 (20～50 cm), ピート (繊維質泥炭) の堆積層などの下から臭気を含む空気を分散して送り, それらに付着生育した好気性微生物フローラで脱臭する装置も普及しています. それらの方法では, 微生物を生かすために適度の散水が必要となります (多すぎると通気しにくくなります).

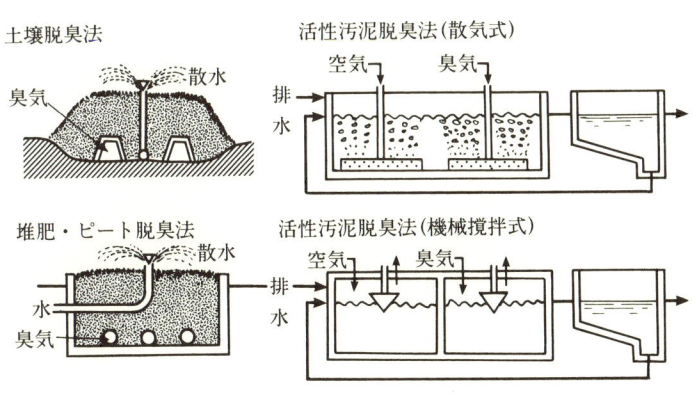

図7.7 いろいろな生物脱臭方法

8. 微生物を都合の よいものに変える

8.1 微生物の住所,氏名はわかるのか

　微生物にはいろいろな種類があることは,すでに紹介したとおりです.ウイルスは動植物に寄生しているので特別としても,細菌,かび,酵母,原生動物のおのおのの中に,何千,何万もの特性の違った種があります.生物学的には詳しく分類されていますが,顕微鏡でみた形や,色や,動きだけで,目にみえる動植物と同じようには分けられません.そのうち,原生動物や藻類は比較的観察しやすいために,高等動植物に近い判定方法が適用できます.

　細菌では,固形培養基に増殖したコロニーの観察,いろいろな色素で染めた場合の染まり方(代表的にはグラム染色),カロリー源や窒素源などの種々の物質の代謝の状況,ガス発生状況などを調べます.病原菌では,種々な抗生物質に対する耐性や,DNAのマップまで分類の尺度に加えなくてはならなくなってきています.その既存の各種の微生物の住所,氏名,スタイル,特技などの情報は,古くから国際的に登録されており,インターネットでの検索も可能になっています.

　一部の細菌,かび,酵母は,微生物工業や製薬工業に使われ生産性を左右しますので,世界的に優れた新種の開発競争が行われています.そのため,後述のような馴致や遺伝子操作に真剣に取り組んでいます.微生物特許も認められていますが,その際も既存の同種のものとの優位性を各種の情報から判断することになります.

　既知の多種多様な微生物や,実際に開発,分離した微生物のスタム(純粋分離株,純粋分離した微生物の種)を保存して,経済行為

として譲渡したり，証明に使うことが必要になり，古くから国際的な微生物バンクをつくろうとしてきました（アメリカのPTCCなど）．筆者も1972～1977年にそれを進めるための科学技術庁の委員会に参加しましたが，国内を対象に，ようやく2002年に国が千葉県木更津に，そのバンクを設置することになりました（保存百万株を予定）．

環境改善に，それらの技術やシステムがどれだけ役立つかは疑問です．しかし，たとえば排水処理施設や埋立処分地などで，有害有機物質や難分解性物質が分解したり変化したりする場合に，それに関与する微生物の種類を同定（分類，命名されている既知の生物と比較して同一性を確かめる）することができます．また，特定の環境条件でみつかった微生物が有害な働きをしないかどうかを確認することもできます．さらに，コンピューターでのハッカーやウイルスのように，環境になじまないスタム，有害な遺伝子をもったスタムが，愉快犯によってばら撒かれないように警戒する場合にも役立つとみられます．

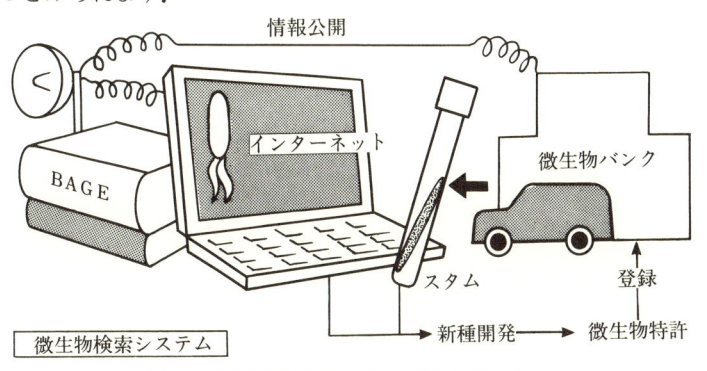

図8.1 新種微生物の開発，検索，登録，普及

8.2 微生物もトレーニングで変わる

 スポーツの世界で年々記録が更新されるように，人間は鍛えるとしだいに特定の能力が強化されていきます．植物でも不適当と思われてきた環境に馴れて生育するものがあります．微生物は条件によって，その能力の変化が起こりやすく，とくに，有毒物や難分解性物質に耐えたり，分解するように変わることが多いのです．

 消毒薬としてポピュラーなフェノール，クレゾール，ホルマリン，エチルアルコールなどや，猛毒と思われている青酸カリは，過去には微生物の生育も著しく阻害していましたが，古くから使われて，自然界に微量ずつ排出されてきましたので，河川水や土壌中のほとんどの好気性菌はそれらに強くなってしまっています．そのため，排水や廃棄物にそれらが人に有害な程度の濃度で含まれていても，好気性処理は阻害されないことが多いのです．微生物が異常な物質や条件に馴れて，その生育に悪影響が出なくなることを，適合（アタプティション）と呼び，そのような微生物に変えることを馴致，馴化，馴養などと呼んでいます．

 著者と井上善介は好気的条件で酢酸資化菌が酢酸を酸化分解する際に，各種の有害物質を加えて，長時間培養し，どの濃度まで適合できるようになるかを調べましたが，低濃度でも馴致不可能なものがある反面，馴致可能なものも多いことがわかりました．

 微生物フローラでの分解では，その中の単一の細菌が適合性を高める場合と，数種の細菌が有害物質や難分解性物質をバトンタッチしながら分解するようになる場合とがあります．後者を順次適合，

段階適合などと呼んでいます．8.3で検討する突然変異とは機構的に明らかに異なり，馴致しても遺伝子が変わるわけではありませんが，実際にはその区別がつきにくいことも多いのです．条件がよくなかったので，胞子になって生きていた種が活動する場合もあります．

数年前のロシアのタンカー・ナホトカ号の沈没による重油の流出は再起不能の海洋汚染を引き起こすのではないかと心配されました．しかし，ボランティアによる海岸での汲み上げ作業も貢献しましたが，順致された海の微生物のがんばりもあり，数箇月できれいになりました．重油などの難分解な汚れに対しては長期間実験的にばっ気を試み，馴致可能かどうかを確かめる必要があります．

ある微生物がもっていた遺伝子でも，何世代にもわたって働くことがなかったら，退化したり，逼塞してしまって，その機能のない微生物であるとみられるようになります．しかし，久しぶりに必要な条件に置かれますと，しだいに目覚めたように機能を回復していきます．馴致というのは，その機能を回復させる操作です．

図8.2 馴致で有害物質に強い微生物ができる

8.3 変わり者の微生物を発見する

普通の有性生殖の場合は,メンデルが蜜蜂やグリーンピースを使って実証したような遺伝の原則に基づいて,形質は多少変わっても,子孫に引き継がれていきます.しかし,何らかの刺激や変化で,その範囲からはみ出した形態や特性の生物が誕生することがあります.従来の農作物や家畜の品種改良では,通常,違った特性の雌雄をかけ合わせて優れた新種をつくろうとしてきましたが,その常識では考えられないような新種が突然みつかることもあります.新種の種子から同じような固体ができますと,遺伝的に安定した新品種になります.それを突然変異といいます.現在の水稲の優れた品種には,突然変異で得られたものが多いのです.

微生物は 8.1 で解説したように,馴致でも特性が変化しますが,その突然変異にあたるような形質の変化も起こりやすいようです.遺伝的な形質は細胞核内の DNA の塩基配列で決まるといわれており,その DNA は RNA という原版を介してコピーするように大量生産されますが,その何千枚,何万枚かの中に,コピーが乱れたり,変形したりするミスが生じます.5.3 でウィルスでもそれが起こることを説明しました.そのミスコピーの中で,人にとって都合の悪い変化とよい変化があります.

抗生物質は 50 年以上前のペニシリン開発以来,人に大きな恩恵をもたらしましたが,それが普及しますと,耐性病原菌(おそらく突然変異)が現れてしだいに効かなくなってきました.そのため,新しい抗生物質をつぎつぎに開発しなければならなくなっています.

その一方，人にとって都合のよい突然変異も起こっています．殺虫剤としてBHC，DDTなど，洗剤としてABS，ノニルフェノールなどの毒性物質や難分解性物質が開発，普及され，土壌微生物の働きを阻害したり，河川や下水処理施設から周辺の民家などに泡が飛散して困っていました．ところが，最近では，それらを分解する微生物が自然界に生息するようになり，悪影響が緩和されてきています．各種の合成化学工場などでも，処理困難であった排水施設に，突然変異か，馴致かで有能な微生物が住むようになり，効率よく処理できるようになった事例も多いようです．

たとえば，ナイロン合成工場排水に含まれているカプロラクタムは難分解性物質で，処理に困っていました．しかし，カプロラクタム以外の有機物質を処理するために，長期間活性汚泥処理をしていたところ，突然変異でカプロラクタムの分解菌が現れて，特別な操作をしなくても処理できるようになったのです．それはもともと自然界になかった物質ですから，馴致されたとは考えられません．

変わり者をみつけた　　　　　　　変わり者が優勢になる

図8.3　変わり者を上手に使う

8.4 異なる2種類の細胞を一つにする
—細胞融合—

突然変異のようなまぐれの発見に期待する品種改良は，半分以上運に頼っています．そこで，もっと現実的に，望ましい新たな種を人の手でつくり出そうという研究が盛んに行われるようになりました．その方法として，8.6で解説する「遺伝子組換え」とともに，「細胞融合」という技術が生まれました．Xという特性のあるAという細胞と，Yという特性のあるBという細胞から，XとYの能力を合わせ持ったCという細胞をつくろうとするものです．XとYが同じ種類の生物ですと，有性生殖でその目的が達成できる可能性もありますが，違う種類の生物ですと，その新種の開発は簡単にはいきません．

A, Bの細胞とも，セルレースという酵素製剤で処理しますと，細胞膜が溶けて，プロトプラストという裸の細胞になります．その両者をポリエチレングリコールなどの融合を促進する粘質液で処理しますと，両方の細胞の中身が一緒になり，細胞核も遺伝子もくっついて，一つの細胞と同じようなものになります．条件さえよければ，細胞膜にあたるものも再生できます．つまり，XとYの両方の形質をもった新種の生物ができることになります．どれだけ特性の違う生物どうしの細胞融合が可能であるのかは明らかではありません．

根に塊根のついたジャガイモの細胞と，地上に実のなるトマトの細胞とは，同種の植物ではないので，花粉で受精させても両者の特性を兼ね備えた植物をつくることはできませんが，細胞融合の技術を使うと可能になります．実際に「ポマト」という，地下でジャガ

イモ，地上でトマトができる植物ができ，同じ畑でジャガイモとトマトが同時に大量生産できるのでないかと期待されました．しかし，どちらも既存のジャガイモや，トマトより品質の落ちる収穫物が少量ずつしか収穫できなかったので，実用化していません．

　色違いの同一種の花から，両方の色の混じった新種の花をつくり出すような場合に細胞融合技術が使われていますが，微生物の種の改変にはほとんど使われていないのが現状です．環境を改善するための水処理や廃棄物処理の微生物を，同一種で多機能なものにしても，数種の微生物が混在していて，自然界から供給される微生物フローラをほとんど無料で使うことに比べると，経済的なメリットがないからです．

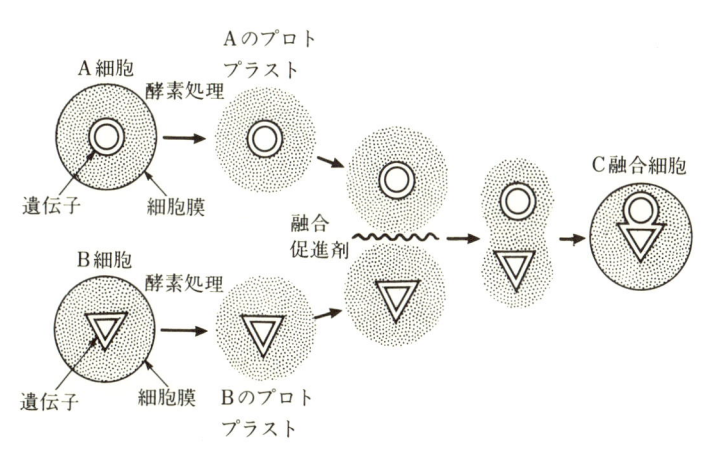

図8.4　細胞融合技術の概要

8.4　異なる2種類の細胞を一つにする

8.5 クローン生物をつくってもよいのか

栽培農業や畜産では，安定して優れた品種のものを大量生産したいとつねづね願ってきました．そこで，劣った形質の種子や，受精卵をつくらないようにするという，人に適用すれば断種法（劣性の遺伝子をもつ者をカットして，子孫をつくらせない方法や制度，人権無視）として非難されるような，優秀な親と同じ遺伝子の子孫だけにしようとする技術が開発されてきました．それは，動物の卵子や，植物の種子の細胞核のDNAを，優れた形質の親のDNA（いくらでも分離できる）とそっくり入れ替え，親とまったく同じDNAの生物を量産しようとするものです．それをクローン技術と呼び，比較的簡単に実施できます．

生育がよくて，病原ウイルスの寄生しにくいトウモロコシ，大豆，洋ランなどや，成長が速くて毛並みや肉質のよい羊，牛などが，その方法で生産されるようになってきています．子供も兄弟もまったく同じDNAをもっていますので，それが普及しますと5.3で検討した有性生殖における雑種強勢が起こりにくくなります．食品の品種，生産地などによる味や形や香りなどの特徴もなくなります．

ほかの遺伝子操作も含めて，自然の生態系に人が介入しすぎであるという意見もあります．ヨーロッパではクローン作物や，クローン家畜を認めないようにしていますが，アメリカは大量生産を進めるために認めようとしています．日本やEUではクローン技術を適用した製品や，それを原料として加工した製品に，表示することを義務づけています．

クローン技術は有性生殖にしか適用しないはずですが，かびや不完全菌のように，有性と無性の両方で遺伝形質を伝えている微生物では，クローン技術が使えるかもしれません．また，何世代にもわたって受け継いでいると，細菌，かび，酵母などの機能が劣化する現象が考えられますが，発酵工業などで，その優れたDNAの微生物を残すために応用される可能性があります．たとえば，付加価値の高い高品質の発酵製品（高級なブドウ酒や蒸留酒など）の品質を安定して醸造しようとする場合は，クローン酵母を使うようになるかもしれません．

　しかし，現段階では，環境改善に使う微生物にクローン技術を適用するだけの効果は考えられず，経済的なメリットもないと思われます．

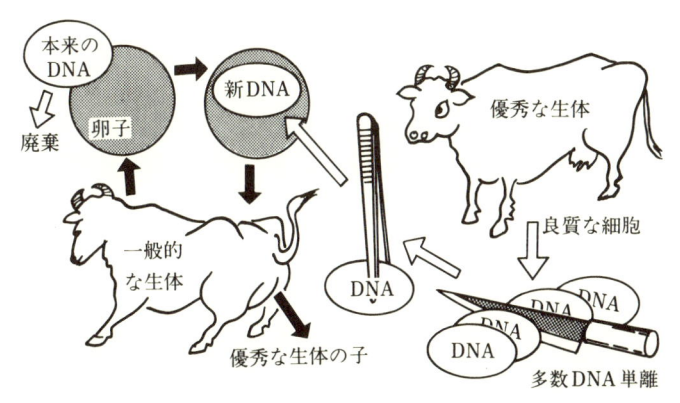

図8.5　クローン生物のつくり方

8.6 遺伝子を組み換えて新種をつくる

 生物にはすべて複雑な塩基配列をもったDNA（遺伝子）があって，種々な形質を次世代に伝達する特徴があります．その概要は1.3に解説したとおりです．DNAの内容や配列が生物によって異なり，どこの，どのDNAが，どういう遺伝情報を司っているかが解明されています．それを遺伝子マップと呼んでいますが，大腸菌については古くから遺伝子マップが解明され，最近は人の遺伝子も，詳細が明らかにされてきました（ヒトゲノム）．DNAは通常，繊維状の直鎖やらせん状の鎖になっていて，そのどこに何の遺伝情報を左右する部分があるのかが明らかになってきたのです．

 遺伝子マップが明らかとなったA，B，2種の生物の一方のDNAの特定の部分を他方に移し換え，Aの一部の特性をもったB（生物C），Bの一部の特性をもったA（生物C）をつくる技術が確立されました．それが「遺伝子組換え」と呼ばれる技術です．受け入れ側（受容体）Aと供給側（供与体）Bとから，おのおの遺伝子全体を取り出して，AのDNAの一部と，BのDNAの一部とをハサミの役割をする制限酵素で切り出します．Aの遺伝子を切ったベクターと呼ばれるものに，Bの特定DNA部分を挿入して，リガーゼという接着剤の働きをする酵素でくっつけるのです．ドッキングさせた遺伝子をAの細胞内に入れますと，新種の組換え生物Cが誕生します．DNAの運び役としてウイルスを使うこともあります．

 遺伝子組換え技術はきわめて広い分野に使われており，農業，畜産，水産などでも注目され，医療にも役立つようになってきていま

す．具体的には，たとえばインターフェロン（夢の新薬といわれた肝臓病などの治療薬），抗生物質などの各種の薬剤の開発や製造，アルコール発酵，グルタミン酸などの各種アミノ酸などの微生物を使う工業生産などです．

遺伝子組換え技術によって，世界中でいろいろな夢の実現が目指されています．たとえばヒトゲノムによって，特定の病気を左右しているDNAが解明され，そのDNAを人工培養で得た細胞と組み換えて治療できるようになるとみられています．また，アルコール発酵においても，酵母の耐熱性を支配しているDNAを，温泉などに多い耐熱細菌のDNAと組み換えて，70℃程度で高温発酵させることが考えられます．雑菌がなく，効率よくアルコール発酵ができ，わずかな減圧で蒸留もつぎつぎに終ります．

環境対策にその技術が活用できるか，何らかの危険性はないか，などの問題は8.7で検討してみます．

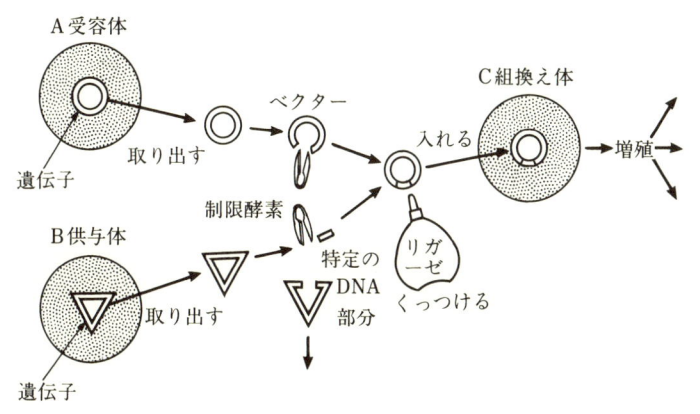

図8.6 遺伝子組換え技術の概要

8.6 遺伝子を組み換えて新種をつくる

8.7 バイオテクノロジーでの環境対策

バイオ（生物）とか，バイオテクノロジー（生物工学）というような言葉が流行のように使われていますが，本来，広い意味では，医学とその関連産業，農林水産業，それらのバイオマス（生産物）を使った加工業，発酵工業，排水や廃棄物の生物処理などにかかわるすべての技術をいうはずです．しかし，最近になってその呼び名が使われる場合は，微生物関連の技術か，前述の遺伝子操作を指しているようです．確かに，遺伝子操作は，病気の治療や生産性を上げるために画期的な効果を発揮しようとしていますが，環境対策には，経済性の問題もあり，どれだけ役立つかは疑問です．

著者が考える，遺伝子組換え技術が活用できそうな夢として，アルカリ・メタン発酵があります．7.2で検討したように，汚泥などのメタン発酵処理では，その前段の低分子化（可溶化）は比較的容易に進められますが，低級脂肪酸などをメタンガス化する段階の変化が遅いこと，発生ガスに炭酸ガス，硫化水素などが多いため精製を必要とすること，発酵後に残った消化汚泥の脱水が比較的面倒なことなどの難点があります．ガス化の段階を司るメタン菌は通常1〜2種しかいませんので，細菌の遺伝子を組み換えて，耐アルカリ性を高めたものにします．可溶化した汚泥に消石灰と組換えメタン菌を加えますと，生息していた他の細菌は抑制され，メタンだけが集中して発生し，消化汚泥の脱水も容易になります．

また，7.7で説明した生物脱臭の場合に，工業生産工程からの特定成分の悪臭，メタン発酵で発生する硫化水素などを除去するため

に，その分解能力の優れた微生物をつくって，装置に組み入れて利用することも可能かもしれません．

排水の活性汚泥処理，有機性廃棄物のコンポスト化などにも，遺伝子組換え技術を適用すればよいという人もいますが，多種多様な物質を，微生物フローラによって何段階かのバトンタッチで分解されるような変化を，その技術で促すことはきわめて困難です．やはり，環境関連での微生物の働きの促進は，前述のように，その生育環境を経済的にコントロールすることにつきるといえます．

いずれにしても，遺伝子操作はこれまでは地球上になかった生物を，人の都合だけでつくって世の中に出しますので，想定していなかった悪影響をまき散らす危険性があります．それはバイオハザードと呼ばれるものの一種です．それを防ぐために，世界的に，特定の管理条件のエリアをP1，P2，P3などの段階に規定して，その中以外では操作したり，利用しないことにしています．

バイオ
テクノロジー

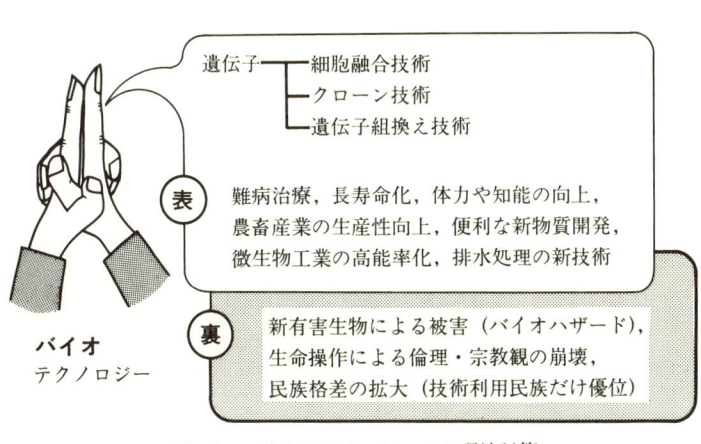

遺伝子 ─┬─ 細胞融合技術
　　　　├─ クローン技術
　　　　└─ 遺伝子組換え技術

表 難病治療，長寿命化，体力や知能の向上，農畜産業の生産性向上，便利な新物質開発，微生物工業の高能率化，排水処理の新技術

裏 新有害生物による被害（バイオハザード），生命操作による倫理・宗教観の崩壊，民族格差の拡大（技術利用民族だけ優位）

図8.7　バイオテクノロジーでの環境対策

あとがき

　本書では，通常では目にみえない微生物の世界について，いろいろな形のもの，いろいろな特性のあるものがいることや，それらがすでにいろいろな目的に利用されていることなどをお話ししてきました．

　人はものを考え，感情をもち，ものを多様に利用して生きていますが，人もまたそれらの微生物と同様に，人独特のDNAをもっていて，それによって情報を次世代に伝えていく生きものの一種に過ぎません．犬，猫などの愛玩動物とは，同格の生物として付き合っている人もいますが，微生物も同格の生命体なのです．人は知恵と力で，自然の構造を変えたり，生物を異常にふやしたり，集中管理したりできますが，それに慢心せずに，自然の生態系を形づくっているそれぞれの生物の特性を引き出し，互いによりよく生かし合うように努めることが望ましいといえます．

　人はこの100年近く，目先の利便性と，豊かさを満たすことに目がくらみ，微生物をやっつけたり，微生物では分解しにくいものを開発，合成し，大量生産してきましたが，現在，毒性が残ったり，環境が破壊されたりして，その付けが回ってきています．それを反省して，環境に優しい生産や生活に切り換えなくてはならなくなってきています．

　その反面で，本書によって，自然の快適な環境の保持，不用物の

腐敗分解，都市施設としての下水処理などに，もともと自然にいた微生物フローラが活躍してくれていることも理解してもらえたと思います．それには，単細胞か，それに近い微生物が，器官らしいものもないのに，人と同じように代謝し，増殖して，全体として地球上の物質循環を根底で支えてくれているのです．遺伝子操作で新しい能力のある生物をつくる研究も盛んになってきていますが，その対象が人間でなくても，生命体の尊厳を踏みにじるものであってはならないのです．

　読者の多くは，これからいろいろな専攻に分かれて，いろいろな勉強をすることになり，微生物とは縁のない人も多くなると思います．しかし，どのような分野で活躍をする場合でも，生態系での微生物のように，平素目にみえない多くの「いのち」があなたを支えてくれていることを認めてほしいのです．生物に関係する分野に進む人は，微生物を含む生態系をいっそう大切にする優しい人になってほしいと思います．

索　引

あ行

あ　RNA……134
IC……68
アオコ……51
赤かび……73
赤潮……49
悪臭……126
亜硝酸……50
亜硝酸菌……50
アゾトバクター……78
アタプティション……132
アデノイシン三リン酸……42, 47
後発酵……121
アポエンチーム……18
アミノ酸……6, 42
アミノ酸組成……118
アメーバ……9
アルカリ……64
アルカリ性……70
アルカリ・メタン発酵……142
アルコール酵母……17
アルコール蒸留廃液……117
アルデヒド……24
α-中腐水性生物……82
安全化……89
安定化……89

安定型処分地……123
アンモニア……50
　い　硫黄化合物……53
硫黄細菌……10, 53, 73
硫黄酸化細菌……53
硫黄の粒……53
イオン交換法……108
異化……89
石……84
一般廃棄物……114
遺伝……4
遺伝子……6, 138, 140
遺伝子組換え……140
遺伝子操作……138, 142
遺伝子マップ……140
遺伝的疾患……8
遺伝の原則……134
命……6
異物……55
インターネット……130
インターフェロン……141
院内感染……31
飲料水……55
　う　ウイークル……34
ウイルス……34, 81
ウイルス性疾患……34
埋立跡地……125
埋立処分……114, 122, 124
上澄み……84, 99
上澄みの分離……96
　え　栄養……42

栄養条件……101
栄養バランス……43
AGF……49
ATP……42, 47
ABS……135
易分解有機物……44
SV/MLSS……110
SV 30……110
エネルギー……48
エネルギー源……53
F・1……80
F因子……81
MLSS……87, 110
LD_{50}……67
塩化ビニル……124
塩基……7
塩基配列……140
エンチーム……18
塩分濃度……62
　お　ORP……60
O 157……32, 36
オキシディション・ディッチ……104
押出し流れ方式……102
汚染者負担……72
落葉……22
汚泥……77
汚泥処理……77, 116
汚泥濃度……87
汚泥容積指数……110
汚泥齢……86
親の生物のDNA……138

温度……19
温度調節……59

か行

　か　加圧……73
海水……5, 70
海水希釈……63
解体……87, 105
回転円板法……85, 97
過栄養……14
化学的凝集処理……108
化学的酸素要求量……44
化学反応……101
化学変化……18
角質上皮……30
拡大鏡……2
隔離……36
過酸化水素……25
加水分解……25
ガス化……116
ガス発生……130
ガスホルダー……117
渇水……108
活性汚泥法……84
活性汚泥脱臭法……127
活性炭吸着法……108
褐虫藻……14
カナケ……54
過ばっ気……104
かび……16, 22, 30, 81
可溶化……116, 142

カロチン……73
カロリー源……28
環境改善……73
環境サイクル……27
環境条件……73, 101
桿菌……30
間欠砂ろ過法……97
還元……60
還元剤……64
還元層……79
緩衝作用……70
緩衝能……71
完全混合方式……102
感染症治療……37
乾燥……62
緩速ろ過法……99
管理型処分地……123
  き 機械攪拌式……104
機械攪拌式ばっ気槽……127
汽水域……49
寄生……5, 34
寄生細菌……33
拮抗作用……93
逆洗……100, 109
吸収……47, 107
急速ろ過……99
吸着……79
凝固……58
凝集汚泥……99
凝集分離……96
共生……22

強腐水性生物……82
供与体……140
魚介類……82
漁業被害……49
切返し……61, 120
菌糸……16, 81
金属毒……64
菌体外毒素……93
菌体内毒素……93
  く 空中落下細菌……30
グラム染色……93, 130
クレゾール……132
クローン家畜……138
クローン技術……138
クローン作物……138
クローン生物……80
クロレラ……12, 119
  け 経済的コントロール……73
形質の変化……134
珪藻類……12
KLa……105
ゲート……101
劇毒物……65
下水汚泥……114
下水溝……32
ケスナーブラシ……104
減圧……73
検疫……36
嫌気性菌……24, 26, 60, 116
嫌気性消化法……97, 116
嫌気性条件……107

嫌気性処理……88
嫌気性分解……60, 97, 116, 122
嫌気性ラグーン……97
原形質分離……62
減衰増殖期……76, 86
減数分裂……6
原生動物……4, 12, 40, 42, 130
顕微鏡……2
減量化……89

こ

コアセルベート……10
好塩菌……62
高温菌……59
高温メタン菌……117
光学顕微鏡……3
好気・嫌気処理……107
好気性消化法……114
好気性条件……107
好気性処理……61
好気性生物……24
好気性微生物……60
好気性分解……47, 60, 97, 120
好気性ラグーン……97
公共下水道……32, 109
光合成……9, 12, 51
麹……16, 81
紅色硫黄細菌……119
抗生物質……32, 36, 65, 134
光線照射……73
酵素……6, 18, 25, 47, 120
耕土……24
高度処理……52, 108

交配……80
高負荷……87
酵母……16, 17, 30, 80
酵母培養液……114
高率酸化池……97, 106
コエンチーム……18
呼吸……48, 76
呼吸困難……28, 49
呼吸抑制物質……90
固形廃棄物……61
固形培養基……41, 82, 130
こし分け……96
枯草菌……26
ごみ……124
コミュニティー……96
コロニー……30, 41, 82, 130
混合液……102
混合培養……41
根酸……22, 124
コンポスト……23, 85, 120
コンポスト化……47, 88
根瘤菌……78

さ行

さ　催奇性……65, 124
細菌……10, 111
細菌細胞……11
最適温度……58
最適 pH……71
再ばっ気係数……105
細胞……9

細胞液……9, 62, 9
細胞蓄積率……77
細胞分裂……80
細胞壁……11, 93
細胞膜……9, 47, 62, 136
細胞融合……136
酢酸……44, 122
酢酸資化菌……67, 111
酒酵母……40
殺菌能力……67
雑種……80
雑種強勢……80, 138
殺虫剤……135
雑排水……108
雑排水リサイクル……109
砂糖漬け……62
サルモネラ菌……32
酸……64
酸化……60
酸化池……97, 106
酸化還元電位……60, 107
三角波……104
酸化剤……64
酸化層……79
酸化鉄……54
酸化分解……28, 47, 76, 125, 126
散気管……105
散気式……104
散気式ばっ気槽……126
散気板……105
産業廃棄物……114, 124

酸欠……24, 54
サンゴ……14
3次処理……108
散水ろ床法……85, 97
酸性……70
酸性雨……124
酸素……60
酸素供給量……105
酸素の供給……104
酸素の消費……120
酸素飽和……28
残存栄養率……77
山林の土……78

し　C/N比……121
COD……44
シート……123
塩漬け……62
潮目……49
自家生産……42
嗜好性……118
自己消化……89
糸状菌……16
自浄作用……28, 61
自然循環……27
死の海……29
死の川……29
死滅期……76, 89
下草……22
弱肉強食……40
遮断型処分地……123
砂利……84

臭気成分……100, 126
臭気物質……48
集団感染……31
充填物……102
種菌……85
熟成堆肥……85
取水源……28
受精卵……138
種の存続……80
種の保存……36
主発酵……121
受容体……140
馴化……132
循環水路ばっ気槽……104
順次適合……132
純粋培養……40
純粋分離……40, 130
馴致……132
馴致可能……132
馴致不可能……132
馴養……132
消化……47
消化汚泥……85, 117, 142
消化ガス……117
消化器系伝染病……32
硝化槽……107
消化率……119
硝酸……50, 106
硝酸菌……50
浄水場汚泥……100
脂溶性……56

消毒……64
消毒薬……65, 132
情報公開……131
食中毒……32
触媒……101
食品加工粕……118
植物……4
植物病原菌……32
食物連鎖……14
処分地……122
所有権……114
処理水……84
処理速度……104
飼料化……118
飼料成分……118
新規化学物質……44
真菌……16
人工排水……67
浸出水……122, 125
新種の生物……136
深層ばっ気法……73
浸透圧……62
新品種……134
　す　水位差……62
水源……96
水源確保……108
水質汚濁……82
水質改善効果……99
水質管理……96
水質浄化……84
水素イオン濃度……19, 70

水量確保……108
スカム……117
優れた品種……134
スケール……109
スタム……76, 130
酢漬け……122
ステップエアレーション……103
砂洗浄……100
スフェロチルス……110
　せ　生育……4
生育温度……58
生育環境……73
制限酵素……140
青酸カリ……132
正常な細胞……55
清掃……26
生態系……27, 65
生体触媒……18, 101
生物……4
生物化学的酸素要求量……28, 44
生物検定法……67
生物工学……142
生物相……110
生物脱臭……142
生物脱窒素……107
生物脱リン……107
生物濃縮……56
生物兵器……11
生物膜……90, 97, 99, 102, 109
世界保健機構……36
世代交代……58

接合……81
摂取許容量……55
接触砂ろ過法……97, 109
セネデスムス……12
セルレース……136
セルローズ……44
セロメア……81
繊維素……44
洗剤……135
線速度……99
船底塗料……53
全変換率……77
繊毛虫……80, 82
　そ　総酸化炭素量……45
総酸素要求量……45
増殖……4, 10, 76
増殖期……76
増殖方法……80
藻類……12, 22, 49, 109, 130
藻類増殖潜在能力……49
阻害……64, 132

た行

　た　ターボブロワー……105
耐アルカリ菌……71
耐アルカリ性……142
ダイオキシン……115, 124
耐久温度……58
耐久細胞……93
耐酸菌……71
胎児性水俣病……56

代謝……10
対数増殖期……76，86
耐性菌……37，134
大腸菌……24，81，140
耐熱細菌……141
堆肥……23
堆肥・ピート脱臭法……127
太陽エネルギー……73
脱臭……126
脱水……142
脱窒素……106
脱窒素菌……50
脱窒素槽……107
脱硫装置……117
脱リン……106
種付け……84
種培養……41
タバコ・モザイクウイルス……34
WHO……36
段階混合方式……102
段階適合……133
単細胞生物……4
炭酸ガス濃度……70
炭酸ガス産出率……77
炭酸同化作用……9
断種法……138
淡水赤潮……52
淡水魚の養殖……52
タンパク質……6，42
タンパク質含有量……118
　　ち　地衣類……22

地下水汚染……125
地球温暖化……70
遅退期……76
窒素……49，106
窒素ガス……107
中温菌……59
中水道……109
中性……70
中毒……49
腸球菌……24
長時間ばっ気……87，90，106
治療……64
地力……23
沈殿……96
沈殿汚泥……84，101
沈殿分離……99
　　つ　通性嫌気性菌……25
土……22
土の粒子……120，126
　　て　DNA……5，6，80，140
DNAの塩基配列……134
DNAの指令……18
DNAの運び役……140
TLm……67
TOC……45
TOD……45
TC$_{50}$……67
DDT……135
低級脂肪酸……25，44，122
定常期……76，86
低負荷……87

低分子化……47, 88, 116, 142
低分子有機物……16, 121
デオキシリボーズ……7
デオキシリボ核酸……5
適合……132
適者生存……40
鉄……53
鉄細菌……54, 100
電子顕微鏡……3
伝染病……32
天然痘……35
電力消費……104
 と 同化……89
透析膜……108
同定……131
動物……4
動物細胞……11
毒性……25
毒性濃度……69
毒性判定濃度……68
毒性物質……66, 135
土壌……77, 120
土壌脱臭法……127
土壌微生物……22, 30, 32, 79, 126
突然変異……134
トルラ酵母の培養……119

な 行

 な 内生呼吸期……76, 84, 86
生ワクチン……35
難分解性物質……61, 124, 132, 135

難分解有機物……44, 48
 に 臭い……99
2階タンク……97
二次感染……36
 ね 粘質物……86
粘性物質……84
 の 農業廃棄物……115
濃厚廃液……114
ノニルフェノール……135

は 行

 は バイオ……142
バイオアッセイ……67
バイオソープション……103
バイオテクノロジー……142
バイオハザード……143
バイオマス……142
媒介……36
廃棄物……114, 120
バクテリア……10
バクテリア・リーチング……125
破傷風菌……33
裸の細胞……136
発ガン性……65, 124
ばっ気……61, 73, 84
ばっ気槽……126
ばっ気槽混合液……87, 106
ばっ気装置……101
発酵……26
発酵工業……40
発酵槽……117

発酵装置……121
バッチ方式……76, 86, 101
バッファーアクション……70
バルキング……110
ハロゲン……46
ハロゲン化物……66
半数致死濃度……67
半透膜……9, 62, 108
　ひ　BHC……135
pH……19, 70
BOD……28, 44, 99
BOD汚泥負荷……87
BOD容積負荷……86
P3……143
P2……143
ピート堆積層……127
PPP……72
ビール酵母……40
P1……143
微生物……4
微生物の種……76
微生物の発見……3
微生物群……41
微生物固定方式……102
微生物調査……82
微生物特許……130
微生物バンク……131
微生物フローラ……41, 78, 106, 132
微生物分解……78
微生物利用技術……96
ビタミン……19

必須アミノ酸……118
非鉄金属……124
ヒトゲノム……8, 141
ビブリオ菌……37
ヒューマス……23, 120
病原ウイルス……34
病原菌……32
病原微生物……65
表土……79
表流水……79
日和見感染症……34
肥料成分……13, 22
貧栄養……14
品種改良……80, 134
貧腐水性生物……82
　ふ　フィル・アンド・ドロー方式
　　　……101
封じ込め……36
富栄養……14
富栄養化……106
富栄養化物質……49
フェノール……132
フェノール指数……67
不完全菌……16
副作用……65
覆土……122
腐植質……23, 120
ブドウ球菌……30
不透水性……123
腐敗……26, 61, 118
腐敗菌……32

腐敗物質……49
フミン酸……120
浮遊物質……89
不溶性塩類……106
ブラウン運動……5
プランクトン……12,82
プランクトンネット……12
プロトプラスト……136
ブロワー……105
分子生物学……4
分裂……76,80
　へ　閉鎖性水域……106
β-中腐水性生物……82
ベクター……140
ヘドロ……48,50,51,116
ペニシリン……16
偏性嫌気性菌……25
返送汚泥……84,102
鞭藻類……12
鞭毛虫……82
鞭毛類……49
　ほ　膨化……110
胞子……10,16,81,93
放線菌……77
保温用熱源……117
ポマト……136
ボルティセラ……111
ホルマリン……132
ホルモン……19

ま行

　ま　膜分離……108
マリンフローラ……62
　み　ミクロシスティス……51
水の華……51
水綿菌……110
密閉……60
密閉タンク……116
ミトコンドリア……9,42
ミドリムシ……42
水俣病……55
ミミズ……78
　む　無機窒素化合物……42
無性生殖……80
　め　メタノール……107
メタンガス化……142
メタン菌……59,116,142
メタン発酵……85,88,97,114,116
メチル水銀……55
免疫性……34

や行

　や　宿主……42
　ゆ　有害金属……125
有害物質……55,67,92,123
有機酸……22
有機性汚濁……49
有機性汚泥……118
有機性廃棄物……47,114,120
有機性有害物質……124
有機物……42,44,120

有性生殖……80, 138
優占種……77, 92
有毒物……131
油滴……56
　よ　溶解BOD……85
溶出……107
溶存酸素……24, 28, 51, 60, 107
溶存酸素計……60
葉緑素……42, 73
葉緑体……9
余剰汚泥……85, 87, 89

ら行

　ら　藍藻類……12, 51
　り　リガーゼ……140
リグニン……44
律速条件……104
硫化水素……53, 116
硫化水素中毒……54
流行……36
硫酸塩還元菌……53
硫酸鉄……54
硫酸バンド……99
流通飼料……119
緑色植物細胞……11
緑藻類……12, 42
リン……42, 49, 106
リンアパタイト……106
リン酸……19, 107
　る　類鼻疽菌……33
ルーツブロワー……105
　れ　レウエンフック……2
レジオネラ菌……33
連続方式……101
　ろ　老齢の微生物……86
ろ過……99
ろ過層……99, 109
ろ床の閉塞……100

わ行

　わ　若い微生物……86
ワクチン……35

著者紹介

本多淳裕（ほんだあつひろ）
1927年，大阪に生まれる．1948年新潟県立農林専門学校農芸化学科卒業，現・大阪市立環境科学研究所に入所．1950年以降ごみ処理・廃水処理を研究．1985年大阪市立大学工学部教授，1991年退官．クリーン・ジャパン・センター参与．
【著書】「浄化槽の実際と応用」(理工社)，「畜産公害対策」(養賢堂)，「バイオマスエネルギー」「産業廃棄物のリサイクル」「建設副産物・廃棄物のリサイクル」「ゴミ・資源・未来」「ごみ対策が危ない」「汚染ゼロへの挑戦」(以上，省エネルギーセンター)，「最小コストでできる産業排水の削減対策」「ごみにならない製品の開発」(以上，日刊工業新聞)，「ノーモア夢の島」(日本環境衛生センター)，「資源リサイクルシステム・全6巻」(クリーン・ジャパン・センター) など多数．

環境バイオ学入門
── もし微生物がいなかったら…

定価はカバーに表示してあります

2001年2月5日　1版1刷発行
2002年4月30日　1版2刷発行

ISBN 4-7655-4423-0　C1345

著　者　本　多　淳　裕
発行者　長　　祥　　隆
発行所　技報堂出版株式会社

〒102-0075　東京都千代田区三番町8-7
　　　　　　（第25興和ビル）

日本書籍出版協会会員
自然科学書協会会員
工学書協会会員
土木・建築書協会会員
Printed in Japan

電　話　営業　(03)(5215)3165
　　　　編集　(03)(5215)3161
F A X 　　　　(03)(5215)3233
振替口座　　　00140-4-10
http://www.gihodoshuppan.co.jp

© Atsuhiro Honda, 2001
乱丁・落丁はお取り替え致します．

装幀 海保 透　印刷・製本 興英文化社

本書の無断複写は，著作権法上での例外を除き，禁じられています．

はなしシリーズ　B6判・平均200頁

- 土のはなしI〜III
- 粘土のはなし
- 水のはなしI〜III
- みんなで考える飲み水のはなし
- 水道水とにおいのはなし
- 水と土と緑のはなし
- 緑と環境のはなし
- 海のはなしI〜V
- 気象のはなしI・II
- 極地気象のはなし
- 雪と氷のはなし
- 風のはなしI・II
- 人間のはなしI・II
- 日本人のはなしI・II
- 長生きのはなし
- 発ガン物質のはなし
- あなたの「頭痛・もの忘れ」は大丈夫？
- 生物資源の王国「奄美」
- 環境バイオ学入門
- クローンのはなし
- 帰化動物のはなし
- クジラのはなし
- 鳥のはなしI・II
- 虫のはなしI・II
- チョウのはなしII・III
- ミツバチのはなし

- クモのはなしI・II
- ダニのはなしI・II
- ダニと病気のはなし
- ゴキブリのはなし
- シルクのはなし
- 天敵利用のはなし
- 頭にくる虫のはなし
- 魚のはなし
- 水族館のはなし
- ♂♀のはなし(さかな)
- ♂♀のはなし(虫)
- ♂♀のはなし(鳥)
- ♂♀のはなし(植物)
- フルーツのはなしII
- 野菜のはなし
- 米のはなしI
- 花のはなしI・II
- ビタミンのはなし
- 栄養と遺伝子のはなし
- キチン、キトサンのはなし
- パンのはなし
- 酒づくりのはなし
- ワイン造りのはなし
- 吟醸酒のはなし
- なるほど！吟醸酒づくり
- 吟醸酒の光と影

- ビールのはなし
- ビールのはなしPart2
- 酒と酵母のはなし
- きき酒のはなし
- 紙のはなしI・II
- ガラスのはなし
- 光のはなしI・II
- レーザーのはなし
- 色のはなしI・II
- 火のはなしI・II
- 熱のはなし
- 刃物のはなし
- 水と油のはなし
- においのはなし
- 暮らしの中の化学技術のはなし
- 生活を楽しむ面白実験工房
- 黒体のふしぎ
- 暮らしのセレンディピティ
- 図解コンピュータのはなし
- なぜ？電気のはなし
- エレクトロニクスのはなし
- 電子工作のはなしI・II
- IC工作のはなし
- 太陽電池工作のはなし
- トランジスタのはなし
- ロボット工作のはなし

- コンクリートのはなしI・II
- 石のはなし
- 橋のはなしI・II
- ダムのはなし
- 都市交通のはなしI・II
- 街路のはなし
- 道のはなしI・II
- 道の環境学
- ニュー・フロンティアのはなし
- 江戸東京の下水道のはなし
- 公園のはなし
- 機械のはなし
- 船のはなし
- 飛行のはなし
- 操縦のはなし
- ライト・フライヤー号の謎
- システム計画のはなし
- 発明のはなし
- 宝石のはなし
- 貴金属のはなし
- デザインのはなしI・II
- 数値解析のはなし
- ダイニング・キッチンはこうして誕生した
- オフィス・アメニティのはなし
- マリンスポーツのはなしI・II
- 温泉のはなし